POR QUE FALHAMOS

O BRASIL DE 1992 A 2018

CRISTOVAM BUARQUE

POR QUE FALHAMOS

O BRASIL DE 1992 A 2018

2ª edição - 1ª reimpressão

BRASÍLIA
2020

Coordenação Editorial: **Beth Cataldo**
Projeto Gráfico e Formatação: **Sérgio Luz**
Revisão: **Michel Gannam**
Fotografia do autor: **Paulo Negreiros**

B917p Buarque, Cristovam
Por que falhamos : o Brasil de 1992 a 2018 / Cristovam Buarque. – 2. ed. – Brasília : Tema Editorial. 2020.

95 p.
Inclui anexo
ISBN 978-85-63422-06-4

1. Democracia 2. Política. 3. História I. Título.

CDD 321.898106
CDD 321.728(81)

Ficha catalográfica elaborada por Paloma Fernandes Figueiredo Santos
Bibliotecária – CRB – 2751- 6ª Região

SCN Quadra 4 Bloco B - Edifício Centro Empresarial Varig, sala 1201
Brasília/DF - CEP: 70714-900
www.temaeditorial.com.br

À nova geração de
democratas-progressistas
responsáveis que está nascendo na
vida política brasileira.

AGRADECIMENTOS

Este texto foi elaborado inicialmente para atender o convite dos professores Timothy Power e Andreza de Souza Santos, da Oxford School of Global and Area Studies Center, St. Anthony College, University of Oxford, em janeiro de 2019. Meus agradecimentos a eles pela provocação e pela oportunidade. O texto final deste livro, entretanto, é de inteira responsabilidade do autor.

Sempre considerei que o maior compromisso de um revolucionário emancipacionista é a busca reiterada da emancipação social diante de qualquer tropeço. Neste sentido, podemos nos enganar no curso de tal busca, mas, uma vez percebido o engano, jamais podemos aceitá-lo em razão da acomodação vaidosa ou interesses menos nobres.

José Saramago

A direita nos roubou a audácia. Éramos audaciosos quando estávamos na oposição. Nós, progressistas, viramos conservadores no sentido de defender a obra que tínhamos feito. Eles surgiram como o moderno, e nós parecendo o velho, por isso nos desbancaram. Quando os líderes progressistas estavam no poder eles não resolveram a questão da reforma dos modelos de desenvolvimento.

Marco Enríquez-Ominami

SUMÁRIO

PREFÁCIO

O passo antes do próximo

Marina Silva

No começo dos anos 1980, entre os militantes dos movimentos sociais no Acre, uma pequena anedota tornou-se conhecida e incorporou-se ao folclore político local. Numa reunião de seringueiros, querendo discordar das propostas apresentadas, um dos participantes iniciou sua fala dizendo algo como "eu quero fazer uma autocrítica do companheiro Raimundo, que falou agora há pouco". A linguagem política chegava aos povos da floresta, e as expressões típicas da esquerda – palavras como "concretamente" e "dialeticamente" – eram, muitas vezes, usadas de maneira bem diferente dos ambientes letrados de onde provinham. A autocrítica do companheiro foi um desses exemplos de, digamos, assimilação criativa.

Lembrei-me desse passado já distante, quase 40 anos atrás, quando li o texto deste conjunto de análises e avaliações em que Cristovam Buarque responde à questão "por que falhamos", incluindo-se, desde o título, num coletivo, "nós", que provoca dúvidas incômodas e necessárias para nos tirar do conforto de nossas certezas. De imediato, podemos questionar o motivo pelo qual Cristovam assume erros e equívocos que ele não cometeu pessoalmente – e o Brasil inteiro é testemunha de que alertou e tentou evitar que fossem cometidos.

Os anais do Senado e as páginas da imprensa registram as inúmeras tentativas de Cristovam para despertar a atenção dos dirigentes desses governos, que ele chama de "nossos", quanto aos temas que aborda neste livro, com destaque para a educação, mas também para os diversos problemas da política, da economia, do enfrentamento das desigualdades sociais e da ecologia.

Muitas pessoas, entre as quais me incluo, podem reivindicar sua independência e comprovar sua dissidência nas decisões e na condução política que levou o Brasil ao retrocesso, ao desmonte do que havia sido construído e, por fim, ao naufrágio que ameaça todas as conquistas da sociedade e a própria democracia.

Para nós, esse "nós" com que facilmente nos identificamos na condição de ignorados nas opiniões, excluídos nas decisões, preteridos nas alianças e até expulsos nos partidos, o caminho que Cristovam aponta é o de uma generosa inclusão na autocrítica. E se alguém tem dúvidas dessa atitude, leia o capítulo em que ele narra suas visitas às crianças de Toritama, para entender a sinceridade e a profundidade de seu compromisso com a educação, causa básica do povo brasileiro e pedra fundamental de qualquer avanço civilizatório.

A essa generosidade somos chamados: uma autocrítica pelo quanto fomos complacentes com um processo político que relegava nossas causas fundamentais ao eterno adiamento em nome da governabilidade; pelo quanto aceitamos que as conquistas da sociedade fossem usadas como marketing eleitoral, partidarizadas e até "fulanizadas", como se fossem realizações pessoais; pelo quanto permitimos que os longos prazos dos projetos estratégicos fossem submetidos ao calendário eleitoral para alongar os curtos prazos que a democracia sabiamente destina aos mandatos políticos.

Principalmente, somos chamados à generosidade de fazer a "autocrítica do companheiro". Aqueles que se recusam a fazê-la – mesmo tendo a maior parcela de responsabilidade na condução do processo político, na fabricação das polarizações, na produção do jogo de imagens do marketing e das narrativas fáceis e falsas – atuaram sob as luzes da ribalta política e desviaram seu olhar da corrupção que vicejava nos bastidores.

Que Cristovam faça e nos incentive a fazer autocrítica em nome também desses é compreensível, porque essa revisão analítica de tudo o que se passou no Brasil de 1992 a 2018 é extremamente necessária para que possamos, todos nós, seguir adiante, rumo a algum futuro possível. E nem todos estarão dispostos a passar por essa "terapia", porque, afinal, se alguns têm dificuldade em reconhecer erros, para outros será ainda mais difícil confessar crimes.

Sim, crimes que lamentavelmente foram cometidos por pessoas, grupos e organismos partidários que tiveram participação direta nos graves casos de corrupção depois revelados. Para esses, a inclusão no plural autocrítico deve ser moderadíssima, pois a sabedoria popular, desde sempre, nos adverte sobre o tamanho das esmolas e a aplicação das penas, das quais desconfiam, quando misturados, justos e pecadores.

Mas temos que seguir adiante, e o texto de Cristovam abre caminhos para isso, porque não se deixa paralisar pela dualidade culpado-inocente, não se restringe à superfície da política, mas oferece o amplo conteúdo da realidade social, econômica, ambiental e cultural do Brasil. Além disso, propõe uma renovação das abordagens e das métricas que temos usado para analisar e atuar nesse contexto.

Fiquei pessoalmente tocada pela ideia, expressa didaticamente de forma gráfica, de que podíamos e ainda podemos traçar objetivos saudáveis para o atual estágio de desenvolvimento do Brasil para situá-lo acima de um "piso social" e abaixo de um "teto ecológico". É uma maneira simples de resumir uma exigência deste século: incluir social e economicamente um terço da humanidade que ainda vive em condições de extrema pobreza e, ao mesmo tempo, evitar o consumo supérfluo que destrói os recursos naturais indispensáveis para as próximas gerações.

É claro que essa fórmula não dá conta de todos os aspectos da sustentabilidade, ou mesmo da ideia de desenvolvimento sustentável, mas fornece uma baliza básica para a elaboração de políticas públicas e do fomento às diversas atividades produtivas. Trata-se de reorientar os esforços de inclusão social e qualificar a noção de crescimento econômico, tendo como meta a formação de cidadãos e não apenas de consumidores. A atenção para esses "limites" teria resultado numa consolidação da democracia brasileira como um conjunto de realizações práticas, ou seja, uma melhoria visível e palpável nas condições de vida da população, com efeitos em todo o continente americano e até nas relações internacionais.

Vivi pessoalmente a ascensão e a queda do Brasil num aspecto que muita gente considera periférico, mas que se revela cada vez mais essencial: as políticas públicas para a conservação do meio ambiente. A queda nos índices de desmatamento, ao mesmo tempo que a economia crescia e os indicadores sociais sinalizavam fortemente a redução das iniquidades sociais, a demarcação de terras indígenas e de áreas de proteção, o incentivo à produção ambientalmente adequada – tudo isso foi possível ou estava num horizonte próximo durante ao menos uma dezena de anos, no período de retomada da democracia. Foi quando o debate público se qualificou no Brasil, com foco nos problemas atuais e nas perspectivas de futuro, antes que descambasse para um embate eleitoral cada vez mais simplista e grosseiro.

Num curto período, o Brasil colocou-se na vanguarda internacional do pensamento político e científico que buscava alternativas para o enfrentamento das mudanças climáticas e entrou em vertiginoso retrocesso, até se transformar no grande produtor de *fake news*, negacionista e anticientífico, que vemos hoje. E o retrocesso, reconheçamos todos, não começou no ano de 2019.

Compreendo a chamada "questão ambiental" de modo mais profundo, como o relacionamento da civilização humana com a natureza do planeta em que vivemos, em suas diferentes dimensões – econômica, social, ambiental, política, ética e estética. Vejo que essa é a indagação essencial cuja resposta possibilita uma melhor compreensão de todas as outras questões.

Estamos passando por momentos dramáticos de uma crise sem precedentes, que chamo de crise civilizatória. Diferentemente dos colapsos anteriores de diversas civilizações, a crise atual não está restrita a um momento na história ou delimitada pela geografia, mas alcança todo o planeta e toda a humanidade. Nessa situação, o recurso que se esgota com mais rapidez é o tempo.

Por isso entendo e aceito a "autocrítica" proposta por Cristovam como uma necessidade de desobstruir a pauta, abandonar conflitos improdutivos, focar no que ainda podemos fazer para tornar possível algum futuro para o Brasil e para a humanidade. Dessa forma, acredito que podemos nos predispor, todos nós, a essa revisão analítica: os educacionistas, como Cristovam se autodenomina, e também os humanistas, os democratas, os progressistas, os desenvolvimentistas, os progressistas sustentabilistas – como costumo me autodenominar – ou qualquer que seja o ideal identitário de cada um.

Falhamos? Com certeza. Mas a amplitude e a profundidade da crise, longe de nos desobrigar de nossas responsabilidades, tornam mais rigoroso o imperativo ético e político de se trabalhar para aumentar as alternativas de saída e diminuir os erros. Mais ainda falharemos se não aprendermos com o que vivemos, se não examinarmos com aguda consciência o que fizemos ou deixamos de fazer, se legarmos para as novas gerações a tarefa de fazer a "autocrítica dos companheiros". Que, nesse caso, seremos nós.

Marina Silva é historiadora e ambientalista.
Foi ministra, senadora e candidata à Presidência da República em mais de uma oportunidade.

APRESENTAÇÃO

A república dos sonhos

Qualquer classificação da história por período é arbitrária, mas serve para refletir sobre o espírito dominante no seu tempo. A história da república brasileira pode ser dividida em seis períodos entre 1889 e 1992: Primeira República, Velha República, Estado Novo, Desenvolvimento com Democracia, Regime Militar e Nova República.[1] A partir de 1992, com a substituição de Fernando Collor por Itamar Franco na Presidência da República, chega ao poder uma geração de políticos diferenciados, mas imbuídos do espírito democrático que os uniu durante o Regime Militar e comprometidos com o progresso econômico e social. Uma geração que ficou 26 anos no poder, até o final do governo de Michel Temer, o que representou o mais longo período de um grupo político com unidade de propósitos, mesmo que seus integrantes discordassem muitas vezes.

Nesse tempo, o Brasil manteve a democracia, respeitou os direitos humanos, ampliou sua presença internacional, implantou programas de assistência com generosidade para a parcela mais pobre, conquistou e preservou a estabilidade monetária. Pode-se dizer que foi um período em que os brasileiros puderam sonhar que sua república estava finalmente em construção. Por isso, reconhecendo a arbitrariedade da classificação e da terminologia, esse ciclo de um quarto de século pode ser chamado de República dos Sonhos, tanto pela qualidade política, intelectual e ética dos líderes quanto pela vivência – a primeira vez na nossa história – de um intervalo longo de democracia com progressismo social.

Apesar disso, no final, vimos essa experiência ser interrompida. No lugar de avanço, assistimos a um retrocesso de dimensões ainda não totalmente conhecidas. A República dos Sonhos terminou em pesadelo, e não vemos um despertar adiante nem vislumbramos ainda um novo ciclo.

No seu livro *La saga des intellectuels français 1944-1989* [A saga dos intelectuais franceses 1944-1989], François Dosse cita o escritor espanhol Jorge Semprún: "Nossa geração não está preparada para se recuperar do fracasso da União Soviética." A nossa, no Brasil, ainda menos para se recuperar do fracasso dos governos que se sucederam entre 1992 e 2018. Ao invés de aproveitarmos o colapso do comunismo para criarmos um novo modelo progressista e democrático, sintonizado e capaz de enfrentar os imensos desafios do mundo contemporâneo, fracassamos ideológica, política, econômica e moralmente. A ponto de o eleitor nos repudiar e preferir o risco de eleger um presidente nostálgico das maldades e do atraso da ditadura. Mais grave é que insistimos em não reconhecer nossos erros.

Sempre senti orgulho de meu país. Nunca perdi esse sentimento, apesar dos 500 anos de maltrato dos índios, dos 350 anos de escravidão, da continuação da exclusão e dos preconceitos contra seus descendentes. E também do analfabetismo, da baixa qualidade da educação, da persistência da pobreza, da concentração de renda, da vocação depredadora do patrimônio natural e cultural, do atraso civilizatório, científico e tecnológico. Mesmo quando fomos dominados por uma ditadura que torturou, matou, exilou, prendeu e censurou, sabíamos que os ditadores se impuseram pelas baionetas e algemas, pelos canhões e calabouços. Nós, os democratas, enfrentamos a força militar com heroísmo.

Agora, sem perder o orgulho pela exuberância de nossa natureza, a alegria de nosso povo, a riqueza de nossa arte – além de nosso imenso território integrado e idioma unificado –, começo a sofrer constrangimentos por termos um governo, escolhido pelo voto, que nos leva ao isolamento no cenário internacional. É um governo que representa o contrário do que a humanidade anseia no que se refere aos direitos humanos, ao respeito à diversidade, à proteção dos desvalidos e às vítimas de preconceitos. Além do afastamento em relação ao compromisso com o equilíbrio ecológico, a busca da integração entre as nações com desenvolvimento sustentável – sem pobreza e desigualdade na renda, tolerante com gêneros e crenças religiosas. O mundo nos pergunta como foi possível que nós, brasileiros, tenhamos feito essa opção.

Sinto constrangimento, como democrata-progressista, por não termos oferecido ao eleitor uma alternativa de governo confiável para levar nosso povo na direção do futuro desejado e compatível com a marcha dos tempos atuais. Não estivemos à altura do desafio que a história e os eleitores nos ofereceram. Também me constranjo por entender que o eleitor fez essa trágica escolha como recusa aos governos que defendi e dos quais participei. O que me leva a perguntar em que erramos, a ponto de empurrarmos o eleitor ao gesto desesperado de optar pelo atual governo para fugir de nós, mesmo que isso sacrifique nosso povo e o Brasil ao longo de anos. Constrangimento, por fim, com a culpa do que fabricamos. Ao mesmo tempo, tenho viva a esperança de que a compreensão dos erros cometidos pode nos ajudar a encontrar um novo rumo para um Brasil coeso.

Novembro, 2019

PARTE 1

Um retrato do Brasil

Em abril de 2005, ao ver uma foto do então presidente Luiz Inácio Lula da Silva na cidade de Toritama, em Pernambuco, tomei a iniciativa de ir até o local identificar as crianças pobres que apareciam com ele. Visitei suas casas, falei com seus pais e com a professora deles. Vi a tragédia continuada mesmo depois de 12 anos de governos democráticos-progressistas. Com base nisso, escrevi uma carta sob o título "Companheiro presidente, estas crianças têm nomes", em que dizia ao presidente Lula que ele ainda não era culpado da tragédia que observei, mas seria se, uma década depois, a situação não melhorasse.

Na carta, listava um programa de federalização da educação básica com liberdade pedagógica e descentralização gerencial, que modificaria radicalmente aquela situação local em dois a três anos[2].

Esperei dez anos e revisitei aquelas mesmas crianças. Testemunhei o resultado do abandono da educação, a tragédia construída pela omissão, o custo de não fazer o que é necessário. Este foi o pecado do período dos governos democratas-progressistas: não ter conseguido frear a monótona repetição secular da história da educação brasileira e, em consequência, ter mantido o círculo vicioso da pobreza/falta de educação/pobreza, sucedendo-se por décadas. Ao longo de minhas observações e conversas, pude ver com profunda tristeza o que havia acontecido, entre 2005 e 2015, às crianças da foto com o presidente. Senti uma imensa angústia ao pensar no que vai acontecer no futuro de nosso país se o mesmo destino for reservado aos filhos delas.

Ao chegar à escola, a imagem era a mesma de 2005: mesmo prédio, embora com uma ala de construção recente, mesma paisagem física, ainda sobre terra batida, poeira, paredes malcuidadas, sem climatização no calor do agreste, carteiras novas, mas igualmente desconfortáveis. Encontrei também o mesmo sistema pedagógico baseado no velho quadro-negro – não vi computadores, vídeos, lousas inteligentes. Os professores tinham uma formação ligeiramente melhor, mas apesar da Lei do Piso Salarial, sancionada em 2008 pelo presidente Lula, seus salários não eram muito diferentes daqueles de antes. Ao olhar ao redor, foi como se o tempo não tivesse transcorrido, salvo nos rostos de novas crianças.

Passado o "choque do mesmo", senti o "choque do fracasso". A menina, de nome Taciana, então com 6 anos e que na foto está bem em frente ao presidente, deixou a escola aos 14, engravidou aos 15 e, aos 16, tinha um filho com um ano e dois meses. Recebeu-me na casa de seus pais, com os quais vivia. Não falou do pai da criança. Olhamos juntos sua foto em frente ao ex-presidente, mas Taciana não se lembrava daquele momento. O jornal não tinha chegado até ela. Já havia

Foto: Ricardo Stuckert

Lula e as crianças de Toritama

escutado sobre Lula e sabia que a mãe recebia Bolsa Família, que ela vinculava ao ex-presidente. Nada mais.

Um colega dela, conhecido como Cambiteiro, estava naquele grupo, mas não quis aparecer na foto de 2005. Antes dos 15 anos já estava fora da escola, tornou-se vigilante informal nas pobres ruas de Canaã, bairro de Toritama, até ser assassinado aos 19 anos de idade. Sua morte foi comentada como um mistério: alguns disseram que foi herói, resistindo a bandidos, outros que havia sido ajuste de contas do tráfico.

Seu irmão, Diego, que não aparece na foto por ser muito pequeno na época, abandonou a escola cedo e já havia sido preso. Na cadeia, foi jurado de morte por outros presos; esfaqueado, fugiu do hospital e desapareceu. Jailson, o que ri para o presidente, e Josivan, na ponta direita da foto, deixaram a escola antes de terminarem a quarta série. Jaques, que estava com 9 anos, abandonou a escola aos 13. O menino conhecido como Nego, então com 8 anos, não estudou e tinha dois filhos apenas dez anos depois.

Outro menino, chamado Rubinho, com 7 anos à época, para quem o presidente Lula parecia olhar, deixou a escola antes da quinta série e aos 17 teve um filho de nome Natan Rafael. Da escola, só se lembrava da merenda que lhe permitia superar a falta de comida em casa. Mal aprendeu a ler, nunca havia lido um livro e de aritmética sabia apenas somar. Entre períodos de desemprego, Rubinho teve ocupações temporárias em algumas das muitas "fábricas" de montagem de calças jeans que existem em Toritama. São máquinas de costurar, espalhadas em casas e pequenos espaços, onde homens e mulheres passam o dia unindo peças que lhes chegam cortadas, em um trabalho manual, mecânico, maçante, que os condena a serem parte das máquinas em troca de salários irrelevantes. Em breve, as máquinas ficarão automáticas e vão condená-los a um desemprego estrutural permanente, por causa da falta de educação.

Depois de dez anos, pude perceber que a vida de cada uma daquelas crianças se tornou uma monótona repetição das mesmas histórias e do mesmo fracasso. Todas deixaram a escola antes de concluírem o ensino fundamental e fazem parte do exército de analfabetos funcionais que ocupa o país. Todas, sem qualificação, foram trabalhar por volta dos 15 anos em trabalhos informais. Tiveram filhos ainda na adolescência, nenhuma teve o futuro a que tinha direito ao nascer. Toritama é um Mediterrâneo onde aquelas crianças naufragaram na viagem para o futuro, diante dos olhos dos nossos governos e de todos nós.

Ao carregar Ângelo, o filho da Taciana, veio-me o triste sentimento de perceber nele a reedição do mesmo histórico círculo vicioso que gira passando de pais para filhos, sem mudar o rumo do destino de cada um deles. E seria fácil quebrar esse círculo, bastaria garantir escola com qualidade para todos por uma geração. Mas não o fizemos. Vi que, para aquelas crianças, o futuro chegou com cara do passado: feio. Confirmei a ideia de que o futuro de um país tem a cara de sua escola pública no presente.

Lembrei-me das palavras que um dia ouvi da ex-senadora Heloísa Helena: "Se o Brasil adotasse uma geração de seus filhos, esta geração adotaria o Brasil." Ela quis dizer que o país ganharia em produtividade, eficiência, inovação, coesão, solidariedade, cultura, justiça, igualdade, paz. O resultado seria a eliminação da pobreza e a redução das desigualdades, assegurando eleições mais éticas e democráticas, e sobretudo um rumo para o futuro da nação.

Nossa realidade nos mostra que agora é a vez de 50 milhões de Ângelos que povoam o Brasil, depois dos muitos milhões que se sucederam no passado. São os filhos de escravos e ex-escravos, de pobres e excluídos, de trabalhadores com baixos salários. E até de uma classe média baixa que alcançou o título de "pequeno consumidor", sem conseguir se emancipar da pobreza, porque não recebeu a ferramenta fundamental da libertação, que é a escola com qualidade.

Todos sofrem um tipo contemporâneo de escravidão transmitido de geração a geração, não necessariamente pela cor da pele, mas pelo vazio da educação. São barrados no lado da pobreza pelo "Mediterrâneo invisível"[3] que lhes nega a balsa para o futuro. Ao barrar cada um deles, amarra-se o Brasil, prisioneiro de seu presente resultante do seu passado: pobre, violento, ineficiente, dividido em corporações, dirigido por uma política corrupta, no comportamento e nas prioridades.

Pensei com tristeza que nós falhamos. E mudar isso teria sido possível!

PARTE 2

Quem somos nós

Na campanha eleitoral de 2018, em um corpo a corpo com os eleitores, um candidato à reeleição para o Congresso viu um homem olhando-o a certa distância. Ao se aproximar, ouviu-o dizer: "O senhor é o melhor candidato que temos." Antes mesmo de agradecer o que parecia um apoio, escutou: "Mas não votarei no senhor, porque não quero o melhor, quero outro, qualquer um, diferente dos que estão aí." O candidato perdeu a disputa pela reeleição, como perderam milhares que não atendiam o desejo de eleger um outro pelo simples fato de ser outro, diferente dos anteriores – uma espécie de "outrismo". Esse sentimento dominou as eleições de 2018.

Quando o eleitor disse que preferia outro, ele queria substituir os líderes políticos no poder desde 1985, que podemos chamar de democratas, e especialmente aqueles a partir de 1992, os democratas-progressistas. Estivemos no poder durante 26 anos e o resultado, apesar de diversas conquistas, foi levar o eleitor a preferir o outro, mesmo que isso representasse retrocesso na democracia, nos valores de liberdade, no progresso social, na busca de um modo de desenvolvimento sustentável, no respeito às crenças e ideias diferentes. Um ano depois da eleição, ao viajar para o exterior, é comum ouvirmos de taxistas, professores, comerciários, garçons a pergunta: "Como é que vocês elegeram alguém com as posições, a linguagem e a mentalidade do seu presidente?"

O Brasil vai pagar um alto preço por essa opção a que o eleitor foi levado. Por isso, os que votaram em Jair Bolsonaro e que agora perceberam as consequências do voto se perguntam: "Como fomos enganados?" Os que perdemos temos a obrigação de perguntar em que ponto erramos para provocar no eleitor de 2018 tamanho horror ao que nós, os democratas-progressistas, representávamos. Mesmo com diferentes visões do mundo, estamos conectados em quatro aspectos:

1. somos indignados com a realidade – a persistência da pobreza, o desequilíbrio ecológico, a desigualdade social, a violência, a corrupção, os preconceitos e as intolerâncias, a instabilidade política e jurídica;
2. ainda que em discordância sobre propósitos e estratégias, temos alternativas para um mundo melhor e mais belo, com liberdade, justiça, solidariedade, sustentabilidade;
3. acreditamos que a política democrática é o instrumento para reformar a sociedade e construir as alternativas desejadas, promovendo avanço social, econômico, político e cultural;
4. temos compromisso com os princípios da democracia, da justiça social, da eficiência na economia, das oportunidades iguais para todos, do respeito aos direitos humanos e à diversidade, da defesa do equilíbrio ecológico e da harmonia com a natureza.

Depois do susto na noite de 28 de outubro de 2018, nos perguntamos como Bolsonaro conseguiu vencer, uma vez que ele não tinha programa nem partido e representava uma visão sectária e retrógada – posições que pareciam superadas desde a redemocratização –, além de não expressar qualquer experiência gerencial. Esquecemo-nos de perguntar por que perdemos. Apesar do cansaço e esgotamento da população com mais de duas décadas dos nossos governos democratas-progressistas, apesar da violência, da corrupção, da inflação, do desemprego, da recessão, do desencanto conosco, Bolsonaro não alcançou mais do que 39,3% dos votos.

Na verdade, ele não ganhou, nós perdemos, porque ficamos sem projetos que seduzissem os eleitores. Deixamos um país em crise e decadência, com a população descontente, milhões nas ruas contra nossa corrupção, incompetência e falta de inspiração para o futuro. Perdemos por nossos erros. Estamos errando de novo ao nos perguntarmos por que ele ganhou, quais foram seus acertos táticos, suas manipulações de slogans e *fake news* e não por que perdemos, quais foram nossos erros estratégicos.

Em 1989, apesar de os candidatos do nosso bloco democrata-progressista serem Ulysses Guimarães, Leonel Brizola, Mário Covas, Luiz Inácio Lula da Silva, Roberto Freire, Fernando Gabeira, Manoel Horta e Celso Brant, perdemos para Fernando Collor, e não nos perguntamos em que havíamos errado. Depois de apenas dois anos, sem encontrarmos caminhos para corrigir seus erros, fomos levados a cortar o mandato do primeiro presidente eleito depois de três décadas sem eleição direta. De novo, no lugar de nos perguntarmos em que erramos, nossos parlamentares votaram e comemoraram o impeachment. Não demorou e alguns dos nossos fizeram campanha, embora sem sucesso, pelo impedimento do então presidente recém-eleito, Fernando Henrique Cardoso.

Apenas 24 anos depois, outra vez não indagamos sobre os nossos erros ao deixarmos um governo do nosso bloco manipular o orçamento para esconder a irresponsabilidade fiscal e aparelhar a máquina estatal. O país foi levado ao descalabro gerencial e ao desastre social, econômico e moral. Ao invés de encontrarmos um caminho alternativo, mais uma vez comemoramos o impeachment da presidente Dilma Rousseff, sem reconhecer que isso decorreu do fracasso de todos nós – por ação, omissão ou por incompetência para evitá-lo. Por fim, o presidente que assumiu, embora sucessor constitucional, eleito na mesma chapa da presidente, esteve todo seu mandato pressionado por uma campanha de destituição sob a bandeira do Fora Temer, ao enfrentar processos na Câmara dos Deputados liderados por parlamentares do nosso bloco.

Ao longo dos nossos 26 anos – de Itamar a Temer –, cada um de nós deu contribuição específica para conseguirmos avançar na consolidação do marco democrático, na integração nacional, na defesa dos interesses nacionais, na garantia das liberdades individuais e na modesta generosidade de programas assistenciais. Mas não construímos o Brasil diferente e permanecemos no atraso econômico, na pobreza social, na concentração de renda e na desigualdade. Mantivemos o analfabetismo, a corrupção, o corporativismo, a deseducação, o patrimonialismo, e a elite continuou separada do povo por uma *apartação*. Não entendemos nem atendemos o que prometíamos e representávamos: democracia progressista para um novo Brasil.

O governo de Itamar Franco deixou a marca da honestidade e transparência, realizou inúmeros programas voltados para a educação. Com o Plano Real, teve a ousadia e a competência de assumir a responsabilidade fiscal como um compromisso de Estado, barrando a tragédia e a vergonha da inflação, que por décadas foi o mecanismo antipopular usado pela elite brasileira para financiar seus projetos, concentrar a renda, iludir o povo e os políticos de esquerda. Itamar incorporou a ação social do Betinho[4] e assumiu a luta contra a fome como uma questão presidencial. Foi o último governo que conseguiu unir todas as forças democráticas e progressistas.

O mandato de Fernando Henrique Cardoso levou adiante a responsabilidade fiscal e a manutenção da estabilidade monetária que ele havia coordenado como ministro no governo Itamar. FHC adotou nacionalmente e levou para quatro milhões de famílias brasileiras o programa Bolsa Escola, com o significativo gesto de manter o nome original – concebido e implantado pelo Partido dos Trabalhadores (PT) no Distrito Federal. O ex-presidente tucano criou sistemas de avaliação do ensino superior, o Exame Nacional de Desempenho dos Estudantes (Enade), e da educação de base, o Índice de Desenvolvimento da Educação Básica (Ideb) e o Exame Nacional do Ensino Médio (Enem). Implantou também o Fundo de Manutenção e Desenvolvimento do Ensino Fundamental e de Valorização do Magistério (Fundef), ampliou o sistema privado no ensino superior e lançou o Fundo de Financiamento Estudantil (Fies). Na saúde, enfrentou fortes *lobbies*, mas abriu a possibilidade de acesso aos remédios genéricos, realizou exemplar luta contra a Aids e o tabagismo. Contribuiu ainda para uma presença respeitável do país na política externa.

O governo de Luiz Inácio Lula da Silva manteve a responsabilidade fiscal e o compromisso com a estabilidade monetária que herdou do governo anterior. Mesmo sem a visão estruturante educacional, ampliou o número de beneficiários do programa Bolsa Escola para 12 milhões de famílias, com o nome de Bolsa Família. Lula fortaleceu com sucesso políticas de incentivo ao crescimento econômico e ao emprego, adotou nacionalmente o sistema de cotas e ampliou significativamente o número de alunos no ensino superior. Ainda no campo da educação, sancionou a lei que adotou o Piso Nacional para o Salário do Professor, criou o Programa Universidade para Todos (Prouni), ampliou o Fies e transformou o Fundef em Fundo de Manutenção e Desenvolvimento da Educação Básica e de Valorização dos Profissionais da Educação (Fundeb).[5] Embora não tenha cuidado de criar a base fiscal necessária, adotou a correção do valor do salário mínimo acima da inflação e aumentou muito a presença do Brasil no mundo.

Em seu período na Presidência da República, Dilma Rousseff ampliou o programa Minha Casa, Minha Vida, lançado no governo Lula, e criou o Mais Médicos, que pela primeira vez na nossa história levou médicos a lugares e famílias que jamais tiveram acesso a serviço de saúde com profissionais de nível superior. Manteve a política de incentivo ao crescimento, deu continuidade aos programas de ampliação de vagas no ensino superior, embora sem o sucesso esperado por falta de atenção à educação de base. Em seu governo, houve um relaxamento na responsabilidade fiscal, com graves consequências negativas para a economia.

No espaço de pouco mais de dois anos de mandato, o governo de Michel Temer recuperou a responsabilidade fiscal e teve a coragem de apresentar uma Proposta de Emenda à Constituição, a chamada PEC do Teto de Gastos, que trouxe as regras da aritmética para a prática das finanças públicas. Conseguiu modernizar as normas trabalhistas e levou adiante a luta pela reforma da Previdência, apesar de não ter conseguido aprová-la no Congresso Nacional.

Chegamos ao início do nosso ciclo, em 1992, com a promessa de construir a democracia interrompida em 1964, de retomar os passos do desenvolvimento, de fazer as reformas que desamarrassem o país, de reduzir as desigualdades sociais e regionais. Na educação, a ambição era erradicar o analfabetismo e oferecer educação de qualidade para todos. Ao lado disso, construir uma economia eficiente, com renda e emprego. Essas ações dariam continuidade à democracia institucionalizada por Sarney, sem perder de vista a abertura comercial e a preocupação ambiental defendidas por Collor.

É preciso lembrar do trunfo da estabilidade monetária, da implantação de alguns programas que aliviaram a fome, de surtos de crescimento econômico e da recuperação do poder de compra do salário mínimo. Mas, passados 26 anos, período em que tivemos cinco presidentes da República – Itamar, FHC, Lula, Dilma e Temer –, o quadro que deixamos não satisfez o eleitor. Podemos alinhar uma série de decepções, desde a economia em recessão, o desemprego em nível catastrófico e a dívida pública fora de controle, até o endividamento privado que asfixia empresas e pessoas. O retrato que flagramos passa pela violência generalizada, pelas finanças públicas devastadas, pela manutenção do mesmo número de casas sem saneamento básico. As marcas que deixamos estão na saúde pública calamitosa, na corrupção ampliada a níveis estratosféricos, nas mordomias e nos privilégios ampliados.

Nossa herança é quase o mesmo número de analfabetos adultos que encontramos, uma educação de base entre as piores e provavelmente a mais desigual do mundo. É nosso também o quadro melancólico da persistência da pobreza e da concentração da renda, do domínio político das corporações que dividem o país em republiquetas. Na convivência com um regime de conivências imediatistas, largamos milhares de obras paradas e a máquina estatal aparelhada para servir aos interesses de nossos quadros políticos. Nosso legado foi uma gestão pública desastrada, a Previdência quebrada, estatais e fundos de pensão devastados. Tudo isso em meio à generalização da dependência às drogas e ao domínio do tráfico e das milícias. O resultado é uma população descrente, que se sente traída, e um país sem coesão nem rumo. Mais grave do que crise ou recessão, deixamos o Brasil como uma civilização em decadência.

PARTE 3

Nossos erros

1. Legamos um país sem coesão e sem rumo

Nosso primeiro erro foi não nos perguntarmos por que não conseguíamos romper as amarras ao progresso e quebrar os círculos viciosos da desigualdade social, da ineficiência econômica, da concentração da renda, do atraso científico e tecnológico, da depredação ambiental, dos elevados custos e privilégios na máquina de gestão do Estado. Seguimos em forte marcha em direção à crise anunciada e à fabricação do desejo de mudança e de opção por outros. Nosso erro atual continua a ser não fazermos as perguntas fundamentais, como o coloquial "onde foi que erramos?". Alguns podem ter errado por "irresponsabilidade dolosa" de ações diretas quando detinham o poder; outros por "irresponsabilidade culposa", por proximidade com o poder; ou por "irresponsabilidade descuidosa", provocada por omissão e incompetência.

Fizemos esforços para dar ao Brasil estabilidade política, crescimento econômico e para atender demandas sociais e políticas de proteção ambiental. Mas não tomamos a iniciativa de formular e conquistar o apoio necessário para reformar estruturalmente a sociedade e a economia, assim como construir alternativas para o Brasil que queremos neste mundo que a história nos oferece e desafia.

Não nos unimos por um programa que fosse além da democracia e que servisse para orientar o Brasil em novo rumo civilizatório.

No lugar de reunirmos forças para fazer um país progressista, preferimos nos dividir em partidos, siglas, sindicatos, corporações – cada um querendo parte do butim que a nova democracia ofereceu aos que apresentavam mais força eleitoral ou capacidade de pressão. Não convencemos os pobres de que eles tinham muito mais direitos do que receber mensalmente o Bolsa Família, nem convencemos os ricos de que o Brasil deles seria muito melhor se educássemos os filhos dos pobres em escolas com a máxima qualidade. Passamos a ideia de que bastaria o Bolsa Família, um salário mínimo reajustado acima da inflação e as cotas para que alguns poucos pobres entrassem na universidade. Erramos ao não acreditarmos que isso seria necessário e possível e ao não nos unirmos para fazer possível o que é necessário.

Passamos 26 anos fazendo oposição entre nós, uns aos outros. Somente depois de retirados do poder, ministros de diversas pastas nos governos Itamar, FHC, Lula, Dilma e Temer se reuniram para manifestar posições contrárias ao adversário que nos derrotou. Unimo-nos na oposição ao governo antidemocrata e reacionário, mas não nos unimos durante nossos governos, quando deveríamos ter construído uma proposta democrata-progressista para o Brasil.

Repetimos, 50 anos depois, a unidade que nos caracterizou depois do golpe de 1964, quando passamos de opositores entre nós para aliados nas mesmas celas de cadeia, nas mesmas dificuldades no exílio, na mesma angústia diante dos rumos que o país tomava sob as botas dos militares que não foram eleitos. Mesmo assim, como hoje, nos aliávamos na dor e nas críticas, não na esperança e nas propostas. Ainda continuamos divididos porque não reconhecemos nossos erros. Cada um de nós prefere pôr a culpa no eleitor, em algum grupo ou em alguém que hoje se senta do nosso lado na oposição.

Dos nossos cinco presidentes, dois deles tinham mais condições de que quaisquer outros para coordenarem a grande aliança de coesão da historicamente dividida sociedade brasileira – entre brancos e negros, escravos e livres, pobres e ricos, educados e analfabetos, incluídos e excluídos. FHC tinha o preparo intelectual e a força política para ter sido o Joaquim Nabuco do século 21. Lula tinha a força e o carisma pessoal para ter sido o Nelson Mandela do fim de nossa apartação. Além do preparo pessoal e de seus partidos, eles vinham de uma luta em que foram aliados por décadas. Mas preferiram a disputa eleitoral entre eles e suas forças a tentarem construir a grande aliança que o Brasil espera há quase dois séculos, em favor de ações políticas que transformem um país dividido socialmente e amarrado ao passado em uma nação unida em direção ao futuro.

De todos nossos erros, a história vai cobrar especialmente nossa incapacidade ou falta de patriotismo para formar uma união programática que transformasse a carcomida, injusta, imoral e vergonhosa sociedade brasileira, assim como nossa economia, em uma nação justa, livre, eficiente, decente, futurista, sustentável. Não entendemos a dimensão histórica de nossos mandatos nesse momento de nossa história, não ousamos reorientar o Brasil e preferimos disputar entre nós quem elegeria mais deputados e governadores.

Por não olharmos para o futuro, até nossos feitos ficaram pequenos, esquecidos ou ameaçados. A grande conquista da estabilidade monetária está sob ameaça pelos déficits nos orçamentos públicos, enquanto o programa Bolsa Escola, reapresentado como Bolsa Família, perdeu seu poder de transformação estrutural e terá seus efeitos assistenciais ameaçados se a inflação recrudescer. O orgulho de um presidente vindo das camadas populares se transformou em constrangimento por sua condenação por corrupção, mesmo que muitos de nós continuemos a achar sua condenação injusta por um julgamento parcial e sem provas suficientes. A política externa com presença internacional em defesa dos direitos humanos e do equilíbrio ecológico não foi consolidada. O expressivo aumento no número de universitários perdeu-se pela falta de qualidade na educação de base, corroendo a própria qualidade do ensino superior.

Deixamos o Brasil melhor do que herdamos, mas pior do que prometemos e do que o povo esperava de nós. E ainda lhe tiramos a esperança, sobretudo por termos prometido a ruptura com a corrupção, o aparelhamento, o patrimonialismo, o elitismo social e a apartação. No imaginário popular, éramos responsáveis na economia, incorruptíveis no comportamento e justos nas prioridades. Frustramos os eleitores e matamos a esperança do povo por não termos sido como nos imaginavam e não termos feito o que esperavam de nós.

Ao reconquistarmos a democracia, não percebemos que nossa responsabilidade era maior do que apenas criar um marco legal democrático. O grande pacto pela democracia não foi estendido – vale reiterar – a um grande pacto pela construção de uma sociedade com coesão e rumo. Ao contrário, nos dividimos em grupos e siglas sem unidade e sem uma proposta nacional. Jogamos fora uma chance que dificilmente se repetirá antes de ser muito tarde. Basta olhar os passos de países que em 1992 tinham indicadores sociais, econômicos, educacionais, científicos e tecnológicos inferiores aos nossos e hoje se apresentam como nações em marcha para o futuro. Cuidamos da redemocratização, olhamos para recuperar o Brasil democrático e não para construir o Brasil do século 21. Atendemos reivindicações de grupos para o presente sem inspirar um projeto alternativo para todo o país no futuro.

2. Mantivemos o descompasso do Brasil com o progresso mundial

Jogamos fora a chance de cortar as correntes que nos amarram ao passado como uma sina histórica. Fomos "democratizadores", mantendo um país injusto, ineficiente e insustentável. Não estivemos à altura como promotores de uma nação progressista, eficiente, justa e sustentável. Desperdiçamos mais uma vez a chance de o Brasil ficar em sintonia com o futuro. Repetimos o mesmo erro cometido por nossos dirigentes do passado. Na primeira revolução industrial, preferimos manter a escravidão, no lugar do trabalho livre. Na segunda revolução, abolimos a escravidão, mas mantivemos o latifúndio improdutivo, a dependência tecnológica, o descuido com a educação e a economia orientada para beneficiar os poucos ricos.

Concentrados no desafio da retomada de direitos e na construção da democracia, esquecemos que tínhamos um país a transformar para fazê-lo eficiente, justo e sustentável. Perguntamos "democracia como?" e não perguntamos "democracia para quê?" nem "para qual progresso?". Não formulamos, não apresentamos nossa proposta nem dissemos como seria construído o Brasil melhor no futuro. Apenas adotamos pequenos gestos, políticas e programas para aliviar os problemas do presente.

Alguns de nós ficamos prisioneiros de sonhos obsoletos, outros não fomos capazes de formular novas utopias. Os que se mantiveram fiéis a utopias do passado não perceberam a "curva da história" que, em décadas recentes, globalizou o mundo e limitou o crescimento econômico devido ao desequilíbrio ecológico. Não entenderam ou ainda se recusam a aceitar a evolução científica e tecnológica da automação, da robótica e da inteligência artificial e seu impacto no mundo do trabalho. Também não admitem e não levam em conta a realidade do período antropoceno que caracteriza a atual realidade do ser humano e da natureza. Não reconhecem a aristocratização de parte dos trabalhadores modernos

– consumistas, individualistas e distanciados social, econômica e politicamente das necessidades dos pobres excluídos.

Os prisioneiros de utopias superadas deixaram de ser progressistas e analisam o mundo de hoje com os mesmos diagnósticos e mapas sociais importados do passado. Defendem apenas ligeiras evoluções, sem propostas nem estratégias estruturalmente transformadoras. Ficaram ultrapassados como suas ideias, amarrados por interesses corporativos de atividades que já não servem ao progresso.

Os que perceberam o fracasso do socialismo real e a falta de clareza de um novo socialismo, ou a ausência de outro conceito que defina uma sociedade justa, livre e progressista, limitaram nossas bandeiras ao aumento do "mínimo salário mínimo", à garantia de direitos adquiridos, à ampliação das liberdades individuais. Ficamos apegados à defesa do meio ambiente, à implantação de políticas assistenciais com transferências de renda para os pobres e à defesa de avanços nos costumes relacionados a gênero, pontuados pela liberdade artística.

Sem a possibilidade da socialização do capital econômico, como o velho socialismo defendia, não nos comprometemos no sentido de socializar o capital do mundo contemporâneo: o conhecimento. No lugar da promessa e do compromisso de garantir educação e saúde para todos, preferimos oferecer seguro privado de saúde, com apoio financeiro e fiscal para a educação e a alimentação dos trabalhadores sindicalizados dos setores privado e estatal. Até mesmo aos servidores do Sistema Único de Saúde (SUS) oferecemos acesso à saúde privada, financiada por nossos governos com dinheiro do público.

Por pragmatismo, imediatismo e oportunismo eleitoral, agimos como se não houvesse longo prazo, apenas a próxima eleição, muito menos margem para transformações, revoluções ou utopias, apenas correções mínimas para as crueldades que caracterizam a realidade econômica, social e cultural do país. Ao invés de oferecermos uma nova estrada para o futuro, preferimos apenas tapar buracos na anacrônica e injusta estrada que caracteriza nossa história. Perdemos "sonhos utópicos", carregando o peso do fracasso de utopias que morreram, e ainda cometemos graves erros no dia a dia. Não percebemos que a nova utopia deve ser democrática na política, responsável na economia, sustentável fiscal e ecologicamente, oferecendo a mesma oportunidade a cada pessoa, cada grupo social e às próximas gerações. Sobretudo, deve ser uma "utopia em movimento", sempre refeita graças à democracia, longe das velhas propostas da engenharia social, que fazia certo sentido no mundo dividido entre capitalistas e proletários. E que, mesmo assim, fracassou ao se chocar com os sonhos libertários dos indivíduos e com a marcha do progresso técnico, que não respeita ideologia, nostalgias, idiotices.

No período entre 1968 e 1974, um grupo de jovens heroicos revolucionários brasileiros se embrenhou na selva para fazer a guerrilha que construiria a utopia socialista no Brasil. A maior parte deles morreu e os que sobreviveram encontraram um mundo transformado pela revolução da realidade. Enquanto eles lutavam para tomar o poder e implantarem no Brasil o socialismo nos moldes chineses de Mao Tsé-Tung, nos Estados Unidos um grupo de jovens da mesma idade fazia a revolução tecnológica da informática. Em Estocolmo e em Boston se explicitavam a crise ambiental e os limites ecológicos ao crescimento econômico. Na própria China se mudava a opção socioeconômica maoísta para um capitalismo de alta tecnologia. Aqueles jovens guerrilheiros brasileiros não sabiam que a revolução que eles queriam fazer ao tomar o poder já estava acontecendo com a construção de um outro mundo. Nós tomamos o poder e durante 26 anos não entendemos a revolução em marcha no planeta.

3. Passamos ao largo da *utopia educacionista*

Seguimos com as velhas propostas de o Estado intervir na distribuição entre lucro, imposto e salário conforme a vontade de nossos governos. Insistimos em oferecer, graças à renda, o consumo crescente de bens, mesmo que isso desequilibrasse a economia e o meio ambiente. Continuamos com a utopia da igualdade plena no consumo de bens de alto valor, mesmo sendo ecologicamente impossível. Ainda apegados a utopias antigas sem viabilidade, não percebemos uma utopia alternativa com base em três propósitos: 1) economia eficiente e sustentável; 2) implantação de um sistema educacional com a máxima e mesma qualidade para todos; e 3) consolidação de um sistema político democrático com um Estado austero, sem desperdícios e privilégios.

Não seria possível fazer isso em poucos anos, mas poderíamos ter caminhado nessa direção com uma estratégia para duas ou três décadas, como fez a Irlanda a partir de 1970 com um pacto nacional pela garantia de educação de qualidade igual para todos. Não percebemos que assim teríamos uma economia eficiente e produtiva, aumentando a renda social, e que a igualdade no acesso à educação permitiria justiça social. Mesmo que ainda houvesse desigualdade na renda, haveria liberdade e possibilidade de cada pessoa usar seu talento, empreendedorismo e trabalho para a definição de sua parte na renda social. A desigualdade não seria abismal, como temos hoje, e sim resultado da conquista pelo mérito.

Continuamos a falar no velho e relegado direito à educação, sem ver e sem defender que a educação com qualidade é mais do que um direito individual, é o *vetor do progresso* da eficiência econômica e da justiça social. Não nos comprometemos a seguir uma estratégia na direção que os novos tempos exigem e em que já estão as sociedades educadas. Preferimos nos contentar em comparar o estágio em que estamos hoje com o ponto em que estávamos no passado. Ainda falseamos a história ao esconder que esses pequenos avanços decorreram de governos anteriores e de um ritmo natural do tempo. Como foi o fim da escravidão, no caso brasileiro, em que os abolicionistas apressaram o *ritmo histórico* em marcha no mundo e no Brasil. Em consequência, não executamos, nem mesmo propusemos, medidas responsáveis que assegurassem a marcha estratégica na direção da máxima qualidade e da igualdade na oferta dos serviços de educação.

Passamos ao largo da percepção de que a globalização da economia e das informações simultâneas, os limites ecológicos ao crescimento, a robótica e automação, além do esgotamento do desenvolvimentismo econômico e do *socialismo real*, levaram ao fracasso das utopias que nos orientavam. Não percebemos que já não é mais possível manipular a economia pela política, sem levar em conta a realidade da globalização e da ecologia, nem é possível impor uma igualdade plena de renda e salário. Uma nova utopia, que não fomos capazes de visualizar, precisa despolitizar a economia para que ela seja eficiente, subordinar a produção e o consumo às restrições ecológicas, tolerar a desigualdade dentro de parâmetros e oferecer a mesma chance para que todos possam ascender socialmente, conforme o próprio talento.

A utopia que nos faltou mostrar e iniciar a construção exige economia eficiente em uma sociedade cuja desigualdade estivesse limitada a um "piso social" que não deixasse nenhuma pessoa submetida à escassez dos bens essenciais a uma vida digna, e a um "teto ecológico" acima do qual ninguém pudesse consumir bens e serviços que depredassem a natureza de forma irrecuperável. Entre o piso e o teto, essa utopia deve oferecer uma "escada de ascensão social" graças à garantia de acesso universal à saúde e à educação de qualidade.

Prisioneiros das utopias antigas – mortas pelas revoluções na ciência, na tecnologia e na geopolítica, na realidade social e nas ideias em geral –, tornamo-nos também prisioneiros das ditaduras de corporações e do imediatismo eleitoral e ainda somos

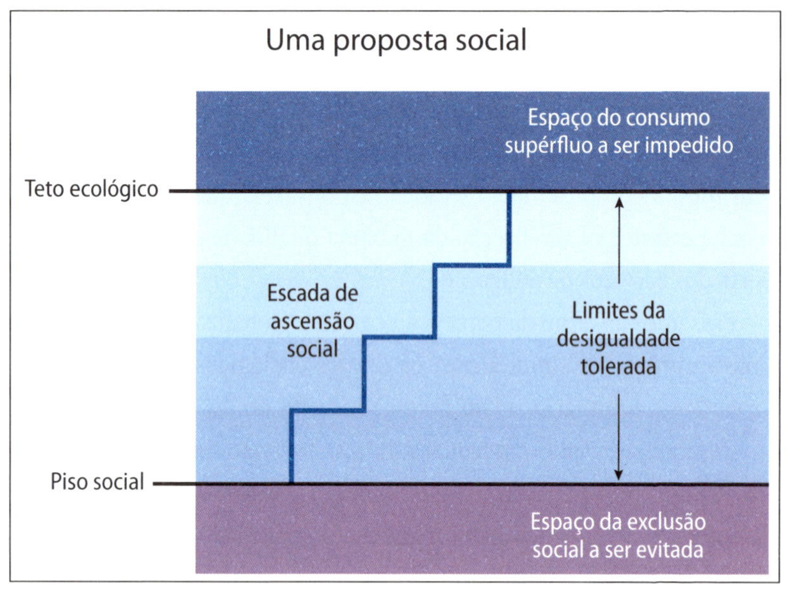

Fonte: Elaborada pelo autor.

perseguidos pela imagem de conivência com regimes ditatoriais no exterior. Perdemos a chance de iniciar a implantação e de consolidar a ideia da igualdade no acesso à educação e aos serviços de saúde. Não adotamos o lema duplo "o filho do pobre na mesma escola do filho do rico" e "o filho do pobre com o mesmo pediatra que o filho do rico". Para alguns de nós, isso não é um propósito revolucionário, é a consequência do crescimento econômico nas mãos do Estado. Para outros, isso não será possível e parece excessivamente revolucionário, mesmo quando sua realização for programada dentro de uma estratégia de décadas.

No primeiro ministério do governo Lula, ainda houve a audácia, embora tímida, de se proporem metas, conforme o quadro a seguir, colocado na parede do gabinete do ministro da Educação – cargo que eu ocupava na época. Essas metas só seriam atingidas com a "desmunicipalização" da educação de base em direção à federalização desse setor.

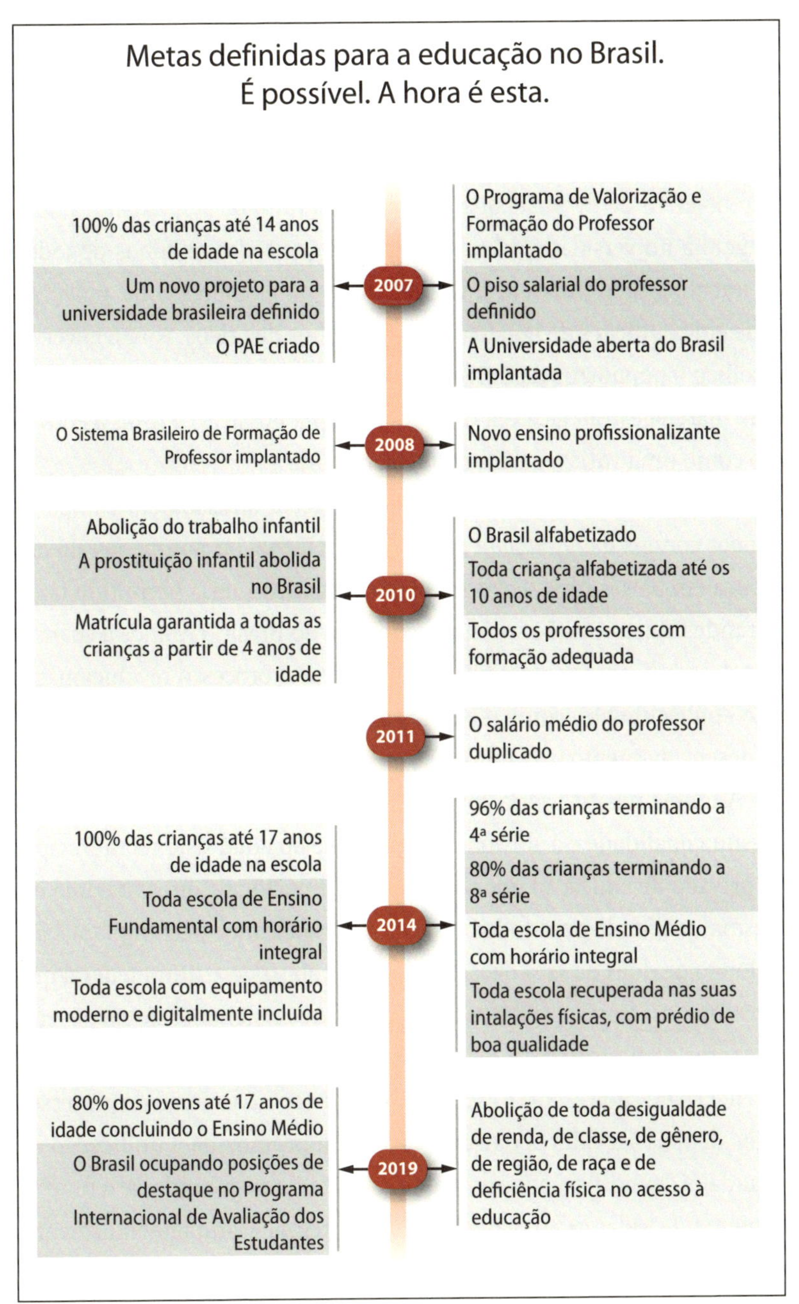

Fonte: Elaborada pelo autor.

Mas não foram adotadas como política de governo. Na verdade, não houve prioridade nem ousadia na educação de base.

Essa utopia estava divorciada dos propósitos eleitorais do governo e especialmente da visão do presidente Lula, orientada principalmente pelo objetivo de divulgar que um ou outro filho de trabalhador pobre chegara à universidade, não de fazer com que todos os filhos de todos os trabalhadores tivessem a chance de disputar ingresso na universidade em condições de igualdade com os filhos dos ricos. Nosso governo escolheu o populismo da universidade, abandonou a proposta de iniciar uma marcha estratégica em direção à "utopia possível" e usou a educação como uma variável eleitoral ou eleitoreira.

A *utopia educacionista*,[6] que pode parecer atrasada em comparação aos sonhos da *igualdade plena* do socialismo, ou porque já está em prática em países capitalistas europeus e asiáticos, teria permitido fazer a grande transformação social e econômica do Brasil. Tivemos a chance, mas desperdiçamos a possibilidade de lançar o processo revolucionário pelo conhecimento, como governos anteriores deslancharam a marcha do desenvolvimento pela indústria.

A utopia possível seria construída pela revolução que substituísse a péssima qualidade e a abismal desigualdade do atual sistema municipal ou privado de educação por outro público e nacional com a máxima e a mesma qualidade para todos. Isso estaria ao alcance pela implantação, ao longo de duas ou três décadas, de uma robusta estrutura federal que substituísse o frágil sistema municipal. O novo sistema nacional deveria assegurar plena liberdade pedagógica na sala de aula, descentralizar a gerência para cada escola e assegurar uma carreira nacional do professor e dos demais servidores da educação. Seria promovida a unificação da qualidade das edificações e dos equipamentos, assegurando-se o funcionamento de todas as escolas em horário integral. Complementarmente, teria sido necessário um programa para erradicar o analfabetismo de adultos, em quatro a seis anos.

Durante os nossos 26 anos de governos, o analfabetismo não foi erradicado nem mesmo reduzido em um ritmo maior do que fizeram governos anteriores. Nunca é demais repetir que nossa educação de base se manteve entre as piores, e é provavelmente a mais desigual do mundo. Apesar de termos executado avanços em relação ao passado, deixamos que se ampliassem três brechas que nos amarram no atraso e na injustiça: 1) a brecha entre a educação dos ricos e a dos pobres – mesmo quando esta última avança, a primeira avança mais rápida e sustentavelmente, ampliando o fosso educacional e, em consequência, a pobreza e a desigualdade; 2) a brecha entre a educação que oferecemos a nossas crianças e a educação que o mundo contemporâneo exige para o jovem ser bem-sucedido pessoalmente e participar da construção de um país progressista, eficiente, rico, justo e sustentável; 3) a brecha entre nossa educação e a do resto do mundo, porque avançamos mais devagar do que em outros países.

Se um conjunto de metas e programas tivesse sido adotado para fazer a transformação na educação de base brasileira desde 1992 e continuado até o final de 2018, o Brasil seria hoje um território livre do analfabetismo e com quase todas suas cidades dentro de um sistema federal com a máxima qualidade. Os avanços desencadeados não seriam mais interrompidos, como não foram nos países que tomaram a educação como o vetor do progresso econômico e social. Mas não entendemos a necessidade nem o potencial dessa "doce revolução",[7] porque não fizemos a nossa evolução ideológica de modernizar o pensamento progressista do *economicismo nacionalista* – mecânico, com raízes no século 19 – para o *educacionismo global* – digital, do século 21. Não adotamos o compromisso nem a estratégia para democratizar de fato o acesso à educação de qualidade.

No lugar de uma estratégia democrático-progressista, preferimos a abordagem eleitoreira, inconsequente e ilusória, de atender e privilegiar o ingresso no ensino superior. Em vez da busca por universalizar o egresso do ensino médio com a máxima qualidade para todos, contentamo-nos em passar a ilusão de comemorar o ingresso no ensino superior por meio da ampliação de vagas no setor estatal. A mesma lógica levou à criação de mecanismos para financiar no setor privado aqueles que não tiveram a chance de uma boa educação de base. No lugar da visão *social-progressista* para garantir pobres e ricos nas mesmas escolas de base, adotamos uma visão *neoliberal-social*[8] ao facilitar o ingresso no ensino superior, tratado como *escada social* para o aluno, e não como alavanca para o progresso nacional.

Privatizamos as universidades estatais, limitando-as a servir os indivíduos que nela estudam e trabalham, assim como as tratamos como propriedade de seus alunos e professores, não da sociedade, do povo, da nação. Não transformamos as universidades em motor do progresso. Fizemos delas fábrica de títulos como bens de consumo, não símbolos do saber adquirido. Iludimos os jovens e suas famílias com diplomas de pouco valor para o futuro da vida e do país – como em muitos casos de escolas privadas – e comprometedores das finanças pessoais dos diplomados endividados.

Na visão político-ideológica de muitos de nós, fomos eleitos para elevar o consumo dos pobres não o grau de liberdade nem o nível da emancipação ou a qualidade de vida das populações excluídas. Criamos o conceito de *diploma popular*, visto como o equivalente do automóvel popular, como símbolo do progresso e bem-estar. Foi uma opção conservadora e eleitoreira, cujo fracasso já é visível na evasão de universitários que não conseguem acompanhar os cursos, apesar da queda nas exigências acadêmicas e até da adoção do mecanismo de promoção automática no ensino superior.

Relegamos a revolução representada pela igualdade de condições a todos os estudantes. Preferimos a proposta mais simplista, imediatista e populista de propagandear que o filho de pobre já entra na universidade graças às cotas, que são justas e necessárias, mas não provocam transformações estruturais. Erramos ao não fazer com a educação o que é feito no futebol, em que pobres e ricos disputam com a mesma chance uma posição entre os grandes times e até na seleção. Porque a bola é redonda para todos, independente da renda e do endereço da família do jogador.

De certa forma regredimos, porque o futebol não se faz apenas com bola, e durante nossos 26 anos a violência urbana passou a eliminar os campos de pelada nas ruas de nossas cidades, levando as escolas de futebol para dentro de espaços fechados em clubes e colégios. A bola continua redonda, mas marchamos para um tempo em que a disputa para definir os grandes futebolistas ficará restrita aos que puderem pagar pelo espaço do treino. Essa realidade já é visível nas redes de escolas privadas de futebol, que alguns de nossos grandes ex-jogadores patrocinam. Em função disso, é possível prever que no futuro nossos jogadores terão origem branca e rica, diferentemente da realidade atual. Será uma triste consequência social coincidente com o nosso tempo no poder.

4. Ficamos prisioneiros do populismo e do corporativismo

Por falta de visão de uma utopia, caímos no corporativismo e no oportunismo, passando a organizar nossas bandeiras em busca de resultados eleitorais imediatos, mesmo que isso exigisse o aparelhamento e a tolerância com a corrupção na gestão da máquina do Estado e a irresponsabilidade nas contas públicas. Concentramos nossa função política em atender as reivindicações de sindicatos de categorias profissionais, os interesses e as propostas de segmentos identitários e de organizações não governamentais. Substituímos "luta" por "reivindicação"; "estratégias" para construir um Brasil melhor por "táticas" para beneficiar grupos; "futuro" por "imediato"; "classes" por "segmentos";

"sentimento de nação" por "compromisso corporativo". Saímos da condição de construtores da república para defensores das *republiquetas corporativas* em que o país foi dividido. Por falta de um projeto comum para o futuro, fomos indutores de desagregação do tecido social. Não promovemos coesão nem formulamos rumo. Ao longo de todo o nosso período, nossas bases pressionaram na defesa de interesses imediatistas e corporativistas.

Nossos governos não desarmaram os gatilhos constitucionais que elevam sistematicamente os gastos públicos em benefício de grupos organizados, relegando a segundo plano o futuro do país, a superação da pobreza e a emancipação dos pobres. Nossos governos nunca fizeram opção pelos pobres, salvo minúsculas iniciativas para mitigar a miséria. Graças à firmeza fiscal e ao crescimento internacional, os governos FHC e Lula conseguiram atender interesses corporativos sem desequilibrar as finanças. Ao invés de enfrentarmos a crise fiscal estrutural, deixamos que se agravasse. Mesmo assim, não enfrentamos os desequilíbrios com o necessário rigor. Preferimos usar "pedaladas" para escamotear os problemas fiscais diante dos gastos voltados para atender as pressões dos grupos organizados: empreiteiras à procura de obras – em geral superfaturadas –, servidores em busca de aumento de salários e benefícios acima da inflação, banqueiros que se beneficiaram do endividamento geral, empresários que pressionaram por isenções fiscais.

Foram governos com pequenas doses de generosidade com os pobres para justificar a imensa generosidade com indústrias, banqueiros e trabalhadores do setor formal da economia. Essas medidas não tiveram *características emancipadoras* da população pobre ou do país como um todo. Nessas condições, não demoraria para cairmos na promiscuidade financeira com as empreiteiras, que se transformaram em bancos para financiar campanhas eleitorais, usando-se obras públicas – muitas não concluídas e outras sem propósitos socialmente justificados

–, como pretexto para financiar a tomada do poder pelo poder, não para fazer um novo Brasil.

5. Desprezamos o "espírito do tempo"

Apesar de sermos descendentes filosóficos de Hegel e Marx, assumimos o poder nos anos de 1992, 1995, 1999, 2003, 2007, 2011 e 2015 sem o entendimento da importância da marcha do "espírito do tempo" na orientação das estratégias para o futuro. Ficamos prisioneiros da *micro-história* nos passos políticos do momento, sem entender, aceitar nem levar em conta para onde caminha a humanidade sob a lógica e a força da *macro-história* de longo prazo. Não levamos em conta questões como: globalização, inteligência artificial, robótica, limites ecológicos ao crescimento econômico, ampliação na esperança de vida, redução na taxa de natalidade, migração em massa, fortalecimento do individualismo e do consumismo, aristocratização do proletariado e adoção da apartação. Também não identificamos os verdadeiros inimigos estruturais para o longo prazo dessa marcha, assim como não tivemos propostas claras que permitissem caminhar no dia a dia da micro-história da política para fazer um mundo melhor no futuro da macro-história, sem ignorar e sem querer barrar o novo mundo que está surgindo.

Deveríamos ter sido o exemplo para uma revolução contemporânea, responsável, comprometida, capaz de usar o conhecimento a serviço dos interesses nacionais e do povo. Tudo isso sem fechar os olhos à evolução da realidade, mantendo sonhos utópicos livres das amarras de ideias e propostas ultrapassadas, sobretudo aquelas que foram testadas e que falharam em termos sociais, econômicos, ecológicos e morais. Alguns de nós assumimos a marcha de liberação dos costumes e de garantias de direitos humanos, além de adotarmos compromisso com o equilíbrio ecológico. Mas isso correspondeu ao atendimento de reivindicação de setores, não compôs uma visão nova de progresso com base filosófica alternativa aos rumos da civilização. Corretamente, alguns de nós passamos a defender a proteção ao meio ambiente, sem formular um propósito civilizatório em que o progresso fosse definido levando em conta o *valor da natureza*. Evoluímos na ideia da conservação das florestas, do ar e dos rios, mas defendendo o aumento na produção de carros, o crescimento do Produto Interno Bruto (PIB) como propósito civilizatório. Fomos progressistas em certas ideias, mas continuamos reacionários na definição da ideia de progresso.

Não percebemos a realidade internacional da Cortina de Ouro que não mais divide o mundo entre países socialistas e capitalistas, países pobres e ricos, desenvolvidos e subdesenvolvidos – Primeiro, Segundo e Terceiro Mundos – nem em classes sociais vinculadas à produção. Não entendemos que hoje a divisão se faz mais entre incluídos e excluídos, conforme a participação das pessoas no acesso aos produtos, serviços e costumes da contemporaneidade, independente do país onde elas vivem.

Não vimos que a globalização, as comunicações instantâneas, globais e manipuláveis, e as novas tecnologias fizeram da terra um planeta dividido em um Primeiro Mundo Internacional dos Ricos, com basicamente as mesmas características de renda e consumo, atendimento médico e escolaridade. Até mesmo com as mesmas ideias e gostos estéticos, seja qual for o país geográfico do habitante. No outro lado, temos um Arquipélago Mundial de Pobres com padrões culturais sociais e econômicos diferenciados, solidários apenas pela escassez de bens e serviços essenciais que caracteriza suas vidas, também independente do país geográfico onde vivam. Cada país é cortado socialmente por uma cortina de exclusão, a Cortina de Ouro,[9] que serpenteia o planeta, apartando a população de cada país entre incluídos e excluídos, separados pelos Mediterrâneos invisíveis que excluem os pobres e protegem

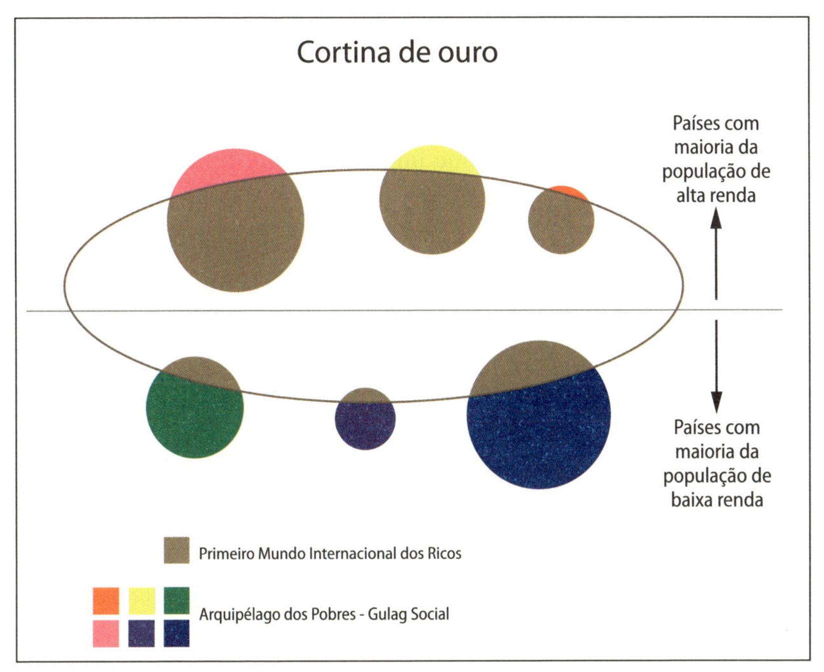

Fonte: Elaborada pelo autor.

os ricos, aprisionando-os. Não entendemos ou não quisemos ver que a desigualdade se transformou em apartação e os excluídos não são representados por sindicatos. Também não percebemos que as massas excluídas devem receber mais do que pequenas rendas jogadas de um lado para o outro da cortina. Devem ser emancipadas, derrubando-se essa Cortina de Ouro e aterrando-se os Mediterrâneos invisíveis.

Não percebemos a contradição fundamental entre os interesses das atuais e os das próximas gerações nem entre quem tem e quem não tem acesso ao conhecimento. Ficamos para trás nas utopias, ficamos para trás nas ideias. Perdemos o rumo, deixamos os pobres na dependência das transferências mínimas de renda para seus filhos e netos, sem quebrar o círculo vicioso da exclusão, na expectativa de que os próximos governos mantenham os nossos programas de transferência de renda e nossas leis de responsabilidade fiscal para impedir a desvalorização inflacionária no valor das bolsas.

Nosso problema não foi excesso de ideologia, como dizem os adversários, mas falta de capacidade intelectual para, com ousadia e lucidez, formular novas ideologias que se adaptem à realidade do mundo. Ficamos presos a sugestões de socialistas do século 19, esquecendo que suas propostas sociais e econômicas ficaram obsoletas devido à evolução tecnológica.

6. Permitimos o domínio da corrupção

Nosso erro mais visível para a opinião pública foi cair na corrupção, tanto no comportamento quanto nas prioridades. Abandonamos fins revolucionários e adotamos meios corruptos, trocando prioridades básicas, como escolas por estádios, para atender ao gosto imediatista e eleitoral da sociedade e também para receber propinas nessas construções.

Fizemos isso para atender a promiscuidade entre nossos governos e empreiteiras e permitir o roubo de dinheiro público para financiar campanhas eleitorais ou enriquecer pessoas, muitas delas de nosso bloco democrata-progressista, mas também corruptas. À parte o propósito ter sido o enriquecimento pessoal ou o financiamento de campanha eleitoral, o resultado foi a perda da bandeira da ética e da confiança da população. Sobretudo porque antes representávamos e nos apresentávamos como a reserva moral na política e prometíamos ser diferentes do comportamento dos políticos corruptos anteriores, e também nos diferenciávamos das historicamente antipopulares prioridades da política. Caímos ainda na corrupção do aparelhamento do Estado, entregando-o a incompetentes e corruptos que aplaudiam nossos governos enquanto roubavam nosso povo.

Além de nos locupletarmos com a corrupção direta pelo roubo das propinas, não entendemos nem explicitamos ao povo todas as formas de corrupção que roubam a sociedade brasileira. Não mostramos a corrupção que há na gratuidade de serviços que o povo paga para beneficiar classes privilegiadas e mordomias do serviço público. A consequência foi a desmoralização de nossos líderes, a degradação do Estado, a recessão, o desemprego e a violência que permitiram à direita fazer o discurso de honestidade que o povo deseja. Entregamos à direita o discurso da ética, do emprego, da segurança, do crescimento, do valor da moeda, do fim das mordomias e privilégios. Fizemos nascer a ideologia do outro pelo outro como opção aos nossos 26 anos no poder.

7. Repudiamos reformas

Contentamo-nos com o salto democrático representado pela Constituição, que alguns de nós nem assinamos, mas não fizemos as reformas que dariam o salto progressista que a sociedade espera e carece. Não enfrentamos a necessária reforma do Estado. Ficamos sem fazer a reforma política, sem a qual o Estado brasileiro mantém seus desperdícios, seus privilégios, suas brechas corruptivas. Mantém também seu distanciamento em relação ao povo, seu sistema eleitoral manipulável e mercantil, sua promiscuidade entre poderes – juízes, políticos, empresários, líderes sindicais –, sua justiça ineficiente e protetora dos ricos. Estado gigante, corrupto, ineficiente.

No lugar de radicalizarmos na realização das reformas necessárias para fazer o Brasil avançar, com a proteção dos interesses da população, viramos defensores dos direitos adquiridos. Não fizemos, não defendemos e ainda nos opusemos às necessárias reformas previdenciária, trabalhista, fiscal, bancária, universitária, que eliminariam privilégios e ajustariam melhor as estruturas sociais e econômicas aos tempos atuais. Fizemos governos conservadores, reacionários, elitistas, com horror às reformas. O espírito do tempo e a curva da história exigem reformar velhas estruturas, mas, por sermos beneficiários delas ou para não tirarmos privilégios das corporações, preferimos adotar posições antirreformistas. Deixamos de apresentar nossas propostas de reformas comprometidas com os interesses nacionais e populares, nos recusamos a ajustar antigas leis à progressista marcha do tempo em direção ao futuro. Ficamos como defensores do *status quo*, ganhamos apoio sindical, mas perdemos legitimidade popular e sobretudo sintonia com a história – pecado capital para um progressista.

Mesmo as tímidas, mas positivas, reformas do ensino médio durante o governo Temer foram criticadas e enfrentadas por movimentos conservadores de parte de nossos militantes, sem qualquer justificativa progressista. Por acomodamento e submissão às corporações universitárias, oferecemos recursos financeiros, mas não nos propusemos a reformar as estruturas acadêmicas, sem o que a universidade brasileira não participará da construção da sociedade do conhecimento no século 21. A consequência é que até os grandes feitos educacionais, como o aumento no número de vagas no ensino superior e em cursos profissionalizantes, foram anulados por falta de avanços no número e na qualidade dos que terminam o ensino fundamental e o ensino médio.

Apesar da positiva reforma da responsabilidade fiscal no segundo mandato de FHC, não enfrentamos a necessidade de fazer as reformas que garantiriam o equilíbrio das contas públicas, devastadas pelo descontrolado aumento do custo da máquina do Estado determinado pela Constituição. Muitos de nós ficamos contra qualquer reforma e lutamos para impedi-las. No lugar de apresentar alternativas melhores para o país, caímos no populismo de ignorar os limites de gastos, iludindo o povo com a falsa ideia de que o Tesouro público tem recursos ilimitados.

Não tivemos clareza nem quisemos fazer as reformas que permitiriam um sistema político ético, eficiente e comprometido com os interesses do país e do povo, fortalecendo a participação popular, dando eficiência às tomadas e execuções de decisões, extirpando a corrupção. Ainda menos ousadia tivemos para imaginar o salto da democracia imediatista e local para a democracia que seja capaz de levar em conta os grandes desafios da humanidade: migração, ecologia, desemprego estrutural, direito das minorias, fim da privacidade. Permanecemos prisioneiros das ideias da democracia eleitoral individualista, com pulverização de partidos, imediatista e marqueteira. Não ousamos conceber uma nova forma de democracia para os séculos adiante.

Também não entendemos a complexidade do mundo atual e continuamos raciocinando com base no dualismo da contradição entre capital e trabalho, sem perceber todas as múltiplas novas relações entre Estado, público, trabalhador, capitalista, consumidor e produtor. Sem perceber também o potencial do empreendedorismo e das possibilidades oferecidas pela informática. Olhamos para um novo mundo complexo que surge com base nos esquemas vindos do passado que carregamos dentro de nós. Por esse erro na visão da realidade, por vícios ideológicos do passado e por vínculos com os beneficiados, atravessamos 26 anos sem querer, sem propor e sem apoiar a reforma das velhas estruturas montadas ao longo de décadas pelas forças reacionárias que dominaram o Brasil antes de nós. Viemos para reformar e ficamos na história como antirreformistas.

8. Valorizamos mais o estatal do que o público

Confundimos estatal com público e até hoje temos que explicar por que muitos de nós fomos contra a privatização nas telecomunicações, que permitiu a disseminação do direito a um telefone, antes um privilégio de pouquíssimos brasileiros ricos. Por não entendermos a revolução tecnológica em marcha nas telecomunicações, por apego ideológico ao velho estatismo e para manter o apoio dos trabalhadores das estatais, muitos de nós ficamos como defensores do "privilégio telefônico". Ignoramos o fato de que a estatização não criou a oferta de serviços com qualidade que a sociedade precisava, especialmente para os pobres, nem implantou a infraestrutura econômica nas dimensões e eficiências desejadas. Assistimos passivamente ao Estado ser apropriado por empreiteiras, políticos, sindicatos e servidores que o usam para usufruírem poder e vantagens patrimonialistas.

Há quase 100 anos, o Brasil mantém custosas empresas estatais de saneamento, e mais da metade de nossa população continua a viver no meio de lixo, urina e fezes. Mesmo assim, resistimos à alternativa de usar empresas privadas para executar e administrar projetos sanitários em nossas cidades, ainda que sob regulação pública. Muitos de nós ainda nos recusamos a ver as vantagens e a justiça de serviços rodoviários e aéreos serem pagos por quem os usa e gerenciados com a eficiência privada, sem desperdícios.

Não percebemos que, diante da corrupção, da definição de prioridades injustas, do desperdício, do roubo, da ineficiência e da baixa qualidade dos serviços de algumas estatais, o discurso da privatização seduziu parcela crescente da opinião pública. Presos ao estatismo, não entendemos as vantagens para o país e para o povo da cooperação entre o Estado e o setor privado, para servir melhor ao público. Também não nos demos conta de que as novas tecnologias exigem agilidade empresarial que o Estado não permite, porque se realizam com métodos e ferramentas que se diferenciam da organização estatal. Parte do atraso na ampliação de fontes alternativas de energia decorre da força conservadora das empresas estatais que, além do vício hidrelétrico, não conseguem incorporar a alternativa mais democrática de pequenas unidades geradoras no setor eólico e solar. O mundo caminha para a organização de pequenas unidades e nós continuamos prisioneiros das superorganizações estatais.

Nossa alternativa não deveria ter sido a defesa do Estado antiquado, patrimonialista, ineficiente, perdulário, elitista, corrupto e que raramente assume compromisso popular. Tampouco deveria ser a defesa de privatizações sem a contrapartida de serviços públicos e sem visão estratégica para o país. Certamente não caberia fechar os olhos ao enriquecimento pessoal pela transferência de propriedade estatal para alguns empresários, como ocorreu na passagem do socialismo soviético para o capitalismo selvagem, e com algumas privatizações no Brasil nos anos 1990, feitas por governos nossos. Nossa posição deveria ter sido colocar os serviços estatais para servirem ao público, com eficiência nos custos de seu funcionamento e com qualidade nos serviços que oferecem, sem empreguismo nem privilégios, sem desperdícios nem mordomias. O correto seria ter exigências de bom atendimento, respeito à meritocracia, condicionando a remuneração à eficiência e ao compromisso dos que se dedicavam ao serviço público com qualificação e respeito ao usuário.

Nossa proposta deveria ter sido marcharmos para a *democratização do Estado*, "desprivatizando-o" ao retirá-lo do controle dos políticos, dos servidores e das empreiteiras para servir ao povo e ao país. Mas, por submissão à tradição teórica do velho socialismo estatal, aos interesses eleitorais do voto dos servidores públicos e ao poder de financiamento de seus sindicatos, preferimos ficar amarrados a serviços caros e ineficientes executados pelo Estado – em vez de atender às necessidades do público, dos usuários, dos doentes, dos alunos, do futuro do país. Não vimos que o povo sofre com o mau serviço que recebe e é roubado pela corrupção a que assiste. No lugar da democratização do acesso ao Estado, toleramos a *estatização antipopular* porque seus sindicatos eram nossa base eleitoral e financiadora de nossas campanhas.

Ao invés de nos concentrarmos na defesa ideológica, ou mesmo religiosa, da máquina do Estado e dos interesses dos servidores públicos, deveríamos ter buscado atender o interesse do público. Mas isso se chocava com os interesses das corporações, com o fisiologismo, com o aparelhamento do Estado. E com a possibilidade de benefícios pessoais ou eleitorais, locupletação, privilégios e corrupção. Nesse embate, escolhemos o lado errado.

Além de valorizar o Estado no lugar do público, negligenciamos o compromisso com a eficiência na gestão estatal. Não levamos em conta que, em alguns setores, a gestão privada pode servir melhor ao interesse público do que a máquina e a burocracia do Estado. Da mesma forma, não consideramos as consequências do descalabro de sucessivos e crescentes déficits orçamentários nem de greves remuneradas que não respeitavam o interesse público ou nacional. Não percebemos o potencial da chamada "uberização" dos serviços públicos, conferindo ao usuário o poder de fazer escolhas e aproximando-o do servidor que lhe prestar melhor serviço. Não quisemos empoderar o povo-usuário. Essa é uma das razões pelas quais nossos governos não fizeram esforços para levar pais e famílias às escolas.

Deveríamos ter radicalizado na estratégia orientada à universalização do acesso aos serviços públicos de educação e saúde. No final de 2018, foi apresentada no Senado Federal uma PEC que estabelecia o prazo de 30 anos para que a educação no Brasil fosse totalmente feita por escolas sob concessão do setor público. As unidades escolares com gestão privada seriam permitidas desde que para atender ao interesse público, não ao lucro privado. Nisso consistiria nossa radicalização possível: uma economia eficiente, gerando os recursos necessários para financiar a construção de um sistema totalmente público de educação e saúde – não necessariamente todo estatal – com qualidade igual para todos.

Um dos senadores da ala democrata-progressista deu parecer contrário e a proposta foi morta. Essa poderia ter sido a nossa "doce e responsável revolução". Preferimos continuar defendendo as estatais e o Estado na economia, fugindo da ideia de marcar um prazo para eliminar educação e saúde privadas no Brasil e colocar todas nossas escolas e unidades de saúde como concessão pública.

Não entendemos que a sociedade se divide em classes mais complexas do que a antiga simplificação da disputa entre trabalhadores e capitalistas pela participação na renda social, distribuída entre salários e lucros. Passamos ao largo da realidade de que a apartação mundial separa, de um lado, os trabalhadores e capitalistas do setor moderno, todos com acesso a consumo supérfluo, e, do outro, os excluídos da modernidade, sem acesso ao essencial para uma vida digna. Por não entendermos tudo isso, adotamos a defesa dos trabalhadores do setor moderno em busca de ampliar consumo, enquanto oferecíamos mínimas transferências de renda aos pobres, o suficiente para eliminar a fome e até a miséria extrema, mas sem promover a emancipação dos excluídos. Não exercemos o governo com propósitos emancipadores. Escolhemos servir à classe de trabalhadores privilegiados, ignorando o papel revolucionário da socialização do conhecimento por meio da educação de qualidade para todos. Concentramos nossa proposta social na justa e imediata necessidade de abolição da fome com pequenas ampliações de consumo, mas sem garantir vida digna com acesso ao saneamento, saúde, educação, cultura, liberdade e ao conhecimento emancipador. Não oferecemos as ferramentas para quebrar o círculo da exclusão.

9. Ignoramos que justiça social depende de economia sólida

Os nossos governos Itamar, FHC e Lula fizeram esforços para assegurar uma economia eficiente, mas sofreram pressões desestabilizadoras de parte de nossos partidos e sindicatos, que mantinham a antiga visão de que os gastos públicos seriam o caminho para atender aos interesses dos trabalhadores do setor moderno e oferecer assistência aos pobres, mesmo que isso fosse feito às custas do endividamento público e privado. Aceitamos a ilusão de que o Tesouro Nacional seria como um chapéu de mágico, com disponibilidade ilimitada de recursos financeiros. Continuamos a pensar como se estivéssemos no tempo dos Estados sem gigantismo, em que a visão keynesiana não comprometia as finanças públicas com hiperinflação. Essa reação de nossos militantes se mostrou ainda mais forte quando, no final de nosso período, as contas públicas se descontrolaram e Temer propôs a óbvia necessidade de definir um teto para os gastos. Resistimos a entender que a inflação sacrifica, sobretudo, os mais pobres e desarticula a economia.

Não verificamos que os países que optaram por economias eficientes e sólidas têm hoje mais justiça social do que aqueles que preferiram a ilusão populista do social, com relaxamento do rigor fiscal e desrespeito às regras da economia. Comparações entre países, como Colômbia e Venezuela, permitem entender a importância da eficiência da economia como base para construir justiça social. Os países que adotam responsabilidade fiscal estão melhor socialmente do que os outros. É possível ter economia eficiente sem justiça social, mas é impossível alcançar justiça social sem economia eficiente. Apesar disso, a maior parte de nossos quadros militantes ainda reage a aceitar a necessidade da solidez econômica como alicerce indispensável, embora não suficiente, à justiça social. Preferem o simplismo da irresponsabilidade fiscal, defendem o neoliberalismo social de caráter imediatista e populista.

Além de ter sido a justificativa constitucional para o impeachment de um dos nossos governos, a aceitação da irresponsabilidade fiscal provocou a volta da inflação que nós tínhamos estancado, assim como levou a elevadas taxas de juros, à recessão e, em consequência, ao desemprego e aumento da pobreza. Isso nos legou, inclusive, retrocessos nos ganhos por nossas políticas públicas em anos anteriores. Esse foi um dos erros que levaram à opção do eleitorado por outras lideranças e propostas, marcadamente conservadoras.

Por não entendermos a realidade, não fazermos as contas, não acreditarmos na aritmética ou simplesmente por oportunismo eleitoral, muitos de nós continuamos a cometer esses erros, agora na oposição. Ao lado de não entendermos e não querermos fazer contas, nossos parlamentares preferem a simples reivindicação de ampliar gastos sem reduzir desperdícios, sem abolir mordomias e privilégios e sem exigir eficiência da máquina governamental. Não aceitam nem mesmo a óbvia necessidade de respeitar um teto para os gastos públicos, dentro dos limites da aritmética financeira.

Para defender gastos ilimitados pelo Estado, fechamos os olhos até para a história que mostra como, no passado, as forças conservadoras e os políticos de direita foram os grandes usuários e beneficiários da irresponsabilidade fiscal e da falta de um teto nos gastos públicos – como forma de financiar seus projetos megalomaníacos, demagógicos, jogando os custos para o povo sob a forma de inflação e endividamento. Esquecemos que a inflação foi o principal instrumento usado durante o Regime Militar para implantar a *arquitetura da concentração de renda* que viabilizou a demanda para os bens comprados pelos ricos para dinamizar o "milagre econômico", socialmente perverso. Em alguns debates, muitos de nós se comportam como passageiros de um avião que, por raiva do piloto, torcem e contribuem para o avião continuar sem rumo, mesmo sabendo que o combustível está acabando e o lanche não chega para todos.

Não vimos que a globalização impede a manipulação da economia por decisões puramente nacionais, porque acabou o tempo da soberania na definição da distribuição política entre lucros, salários e impostos. Hoje, qualquer decisão política arbitrária pode atrair importações ou provocar exportações sem controle, levar o capital a fugir para outros países e até mesmo provocar migrações em massa. Não há mais economia nacional independente e por isso ficou limitada a capacidade de politizar internamente a economia. Não levamos em conta que não é mais possível o voluntarismo de "50 anos em 5", como no slogan de Juscelino Kubitschek, e que as estratégias para a justiça social devem ser subordinadas ao tempo necessário. O slogan terá de ser "50 anos no tempo que for possível e necessário", conforme a força da política permitir sem sacrificar a eficiência da economia. Sem essa consideração os benefícios sociais ficam insustentáveis. Não quisemos aceitar que a manipulação política da economia pode trazer consequências negativas, provocar desequilíbrios ecológicos e monetários, recessão e desemprego e impedir a geração dos recursos necessários para transformar a sociedade por meio de investimentos feitos diretamente no setor social.

Não entendemos esse risco da curva da história e continuamos a insistir em trazer o tempo da economia para a urgência da política, quando deveríamos respeitar as regras técnicas da economia e usar a política para definir prioridades e investir na aplicação dos recursos que possam ser captados pela área fiscal, dentro dos limites possíveis.

Em contraste com o socialismo como conhecemos até recentemente, no mundo global de hoje a revolução já não se faz por dentro de cada economia nacional, reduzindo lucro e aumentando salário e imposto, mas na definição de prioridades que beneficiem diretamente a população por investimentos sociais, especialmente na educação e na saúde.

Não percebemos que as transformações das últimas décadas impedem a autonomia nacional na execução de políticas econômicas, fazendo difícil e arriscada a intervenção voluntariosa na economia de cada país, sem respeito aos limites decorrentes da economia global. No mundo contemporâneo, as relações econômicas nacionais estão amarradas por laços e variáveis internacionais. As utopias devem ser construídas com o uso do excedente que a economia eficiente produzir, dentro de regras que dependem da economia global e das constantes e surpreendentes revoluções tecnológicas, assim como dos limites impostos pelo equilíbrio ecológico.

10. Fomos indiferentes ao esgotamento do Estado

Não vimos que o Estado ficou insolvente financeiramente, por causa do excesso de gastos. O Estado tornou-se também incompetente gerencialmente, por seu gigantismo e aparelhamento ao atender as reivindicações eleitorais e fisiológicas de nossos partidos e militantes. Ficou ainda indecente ao perder o compromisso com o público e os usuários, além de ser contaminado pela corrupção. Viciou-se no *falso desenvolvimentismo* baseado em investimentos estatais, com deslumbramento por obras que servem mais aos interesses das empreiteiras e dos políticos, especialmente os corruptos. Não vimos que o Estado foi submetido às pressões corporativistas dos industriais em busca de subsídios e isenções fiscais e dos sindicatos dos seus servidores em busca de vantagens trabalhistas – salários, redução de jornada de trabalho, estabilidade descomprometida com a dedicação e o mérito, aposentadorias especiais pagas pelo público jovem, rede de benefícios que aumentam os salários e pagam vantagens, inclusive educação e saúde privadas. Caímos na armadilha do estatismo e de seus pares: o populismo e a corrupção.

Quando foi preciso escolher entre os interesses do povo e os dos trabalhadores de estatais, a maior parte de nós preferiu os trabalhadores contra o povo. Para tanto, deixamos os serviços públicos sem qualidade e as finanças públicas sem cobertura. Em consequência, perdemos credibilidade junto à opinião pública.

Apesar de os governos Itamar, FHC, Lula e Temer, além de diversos de nossos prefeitos e governadores, terem sido fiscalmente responsáveis, não enfrentamos com rigor a necessidade de reformas fundamentais para barrar o aumento de gastos determinado muitas vezes pela própria Constituição. Ignoramos os limites financeiros na Previdência e nos gastos públicos em geral. As tentativas de reformas foram tímidas, descoordenadas no Congresso, e sem apoio de nossos líderes partidários e sindicais. Com isso, demos o aval para nossos governos nos conduzirem ao desastre que apareceu a partir de 2015, mas já alertado desde 2009 por alguns políticos e profissionais. O pequeno livro que publiquei pelo Senado Federal, com o título de *A economia está bem, mas não vai bem*, foi uma contribuição nesse sentido.

11. Adotamos o culto à personalidade

A amarra aos líderes foi uma das principais causas de nossa derrota em 2018. A recusa da realidade e o culto à personalidade terminaram por aprisionar nossa linguagem, nossas análises, táticas e estratégias, sem metas e propostas para o longo prazo. Confundimos Estado com governo, governo com partido, partido com líder. Para proteger nossos líderes, subestimamos a corrupção diante da qual fomos omissos, sem acusar, julgar, punir nem ao menos criticar os responsáveis pela cobrança de propinas, depredação de estatais e de fundos de pensões. Não combatemos as prioridades equivocadas. Continuamos a defender que prisões de empresários aliados eram o resultado de manipulação política contra nós, os democratas-progressistas, ignorando que a Justiça julgou e prendeu dezenas de políticos e homens de negócio das mais diversas vertentes políticas.

Ao adotarmos a ótica de que os presos pela Lava Jato são presos políticos, menosprezamos os milhares de presos realmente políticos do período da ditadura. Podemos argumentar que as prisões são resultado de erros dos juízes e que as provas não convencem. Podemos até tentar reverter as decisões, mas classificar como presos políticos os que foram condenados com base nas leis vigentes é negar o sistema democrático em vigor. Em outras palavras, considerar os presos atuais como presos políticos é cometer o grave erro histórico de identificar o atual sistema judiciário com o sistema arbitrário adotado durante o Regime Militar para fazer prisões políticas.

12. Fechamos os olhos aos crimes durante a ditadura

Não enfrentamos nem exorcizamos os crimes cometidos durante o Regime Militar, seja pelo uso sistemático da tortura oficial pelo Estado, seja por atos isolados cometidos por nosso lado. Aceitamos a Anistia que perdoou a tortura, a prisão, os desaparecimentos, os assassinatos, mas também os atos de sequestros que a luta armada cometeu. O resultado é que deixamos centenas de torturadores soltos, perdoados sem julgamento, com chance de chegarem outra vez ao poder, por prepostos ou diretamente, como aconteceu em 2018. Os países que fizeram o julgamento de seus ditadores barraram de vez a ressurreição deles e de suas ideias. Nós não tivemos essa coragem e os deixamos insepultos, prontos a voltarem como zumbis políticos, cheirando mal, mas vivos. Fomos cúmplices dos corruptos e coniventes com os torturadores.

Erramos também ao não reconhecer que em 1964 a população brasileira, talvez a maioria, cansara-se de nossas divisões e irresponsabilidades, especialmente fiscais e da consequente inflação. Havia se cansado também da instabilidade e do caos, da falta de um aceno claro de qual o Brasil que oferecíamos construir e se estava de acordo com os valores nacionais. Ignoramos a correlação de forças políticas na sociedade e pagamos um preço alto por isso. Não explicitamos nossas críticas ao socialismo real no mundo, não entendemos que o fim do stalinismo exigia uma reorientação dos projetos revolucionários na direção de combinar justiça social com democracia e responsabilidade. Por não percebermos os limites, os equívocos, a impossibilidade e a inconveniência do que defendíamos, criamos as condições para o golpe de 1964. E erramos, muitos de nós, ao optarmos pelo heroico suicídio da luta armada como estratégia contra a ditadura.

13. Permanecemos presos à agenda do passado

Em nenhum momento canalizamos nossas forças morais, intelectuais e políticas para a justificativa, a análise e a execução de uma agenda contemporânea, olhando para o futuro. Não formulamos rumos para enfrentar:

- os limites ao crescimento econômico e à possibilidade do bem-estar sem crescimento e até com decrescimento em alguns setores;
- a necessidade de uma alternativa ao PIB como indicador determinante do progresso;
- o problema das migrações em massa que vão dominar a geopolítica mundial;
- as possibilidades de um keynesianismo social e produtivo;
- a equação entre bem-estar, renda e consumo no presente e no futuro;
- a luta de interesses entre gerações;
- o fim do emprego e a necessidade de manter funções produtivas para todos;

- o futuro da educação e da saúde;
- o envelhecimento e a inversão da pirâmide etária;
- o fim da sociedade do ter e do consumo, pela sociedade do compartilhamento;
- a adoção generalizada da inteligência artificial;
- a reformulação da democracia nacional e imediatista para uma "humanocracia" planetária e de longo prazo;
- a ascensão das nações do Oriente em relação às nações do Ocidente;
- o fim do capitalismo do passado sem o surgimento de um socialismo para o futuro.
- a necessidade de uma renda mínima da cidadania, da qual um de nós, o ex-senador Eduardo Suplicy, sempre foi uma voz quase solitária.

14. Escondemos o custo de práticas caras e injustas

Por demagogia, postura eleitoreira, cegueira ideológica, elitismo e interesse próprio fomos defensores de gratuidade plena de serviços estatais, sem abrir a consciência da opinião pública para o fato de que tudo o que é grátis acaba pago por alguém, seja por transferência de renda, endividamento ou inflação. Não tomamos a iniciativa de liderar o debate sobre o assunto do financiamento estrutural da universidade federal, estadual ou municipal; não vinculamos a gratuidade à responsabilidade pública com o progresso econômico e com a justiça social, especialmente a distribuição de renda. Mantivemos a visão de que a universidade estatal não precisa ser pública, porque é uma *escada social* a serviço dos alunos e professores.

Assim, deixamos de enfrentar o fato de que a quase totalidade desses alunos vêm das classes médias ou altas que puderam pagar boas escolas privadas e depois ascendem ainda mais socialmente graças a recursos do público, sem exigir que a universidade seja necessariamente uma alavanca para o progresso do país e da humanidade. Perdemos o debate moral com as forças conservadoras que passaram a defender a privatização das universidades estatais, com o apoio dos milhões que veem seus filhos excluídos, porque as cotas só podem beneficiar quem chega ao final do ensino médio com um mínimo de qualidade. Adotamos as cotas sociais para passar a ideia de que estávamos atendendo aos interesses dos pobres, mas continuamos a relegar a educação básica de seus filhos.

Por interesse eleitoreiro e defesa de privilégios, fugimos do sério, fundamental e progressista debate sobre o financiamento de todos os setores do Estado de acordo com os benefícios para a nação e os ganhos de cada classe social.

Perdemos a chance de mostrar ao povo que, para ser alavanca para o progresso do país, a universidade precisa ser financiada pela sociedade e, portanto, grátis para aqueles que cumprem esse papel. Mas, nos casos em que ela seja apenas escada social para o aluno, não há razão para a sociedade pagar por isso, desviando em momentos de escassez fiscal recursos de outros setores mais prioritários socialmente. Deixamos prevalecer a mentira da direita de que, ao serem gratuitas, as universidades estatais são concentradoras de renda e de que, ao defenderem a privatização, se estaria propondo distribuir a renda. Deveríamos ter proposto uma reforma da universidade estatal para que ela servisse não apenas a seus alunos, mas ao país, à população, ao público. Ou seja, para que, além de estatal, seja pública.

Deveríamos recusar a privatização das universidades estatais, que abrigam cerca de 20% dos alunos do ensino superior, mas isso não significa deixar tudo como está. No lugar de defender o *status quo* da gratuidade absoluta, a posição progressista seria propor a manutenção da gratuidade dos cursos de interesse público – alavanca para o progresso econômico e a justiça social –, deixando a cargo dos próprios interessados o pagamento dos cursos que servem apenas para enriquecimento pessoal. Se necessário, com o apoio de bolsas e empréstimos. Não formulamos isso por preguiça mental e por sermos beneficiários do sistema de gratuidade absoluta. Ou, mais provavelmente, para não perdermos os votos dos alunos e professores das universidades estatais. Ao defendermos a gratuidade absoluta, colaboramos para a apropriação das universidades por seus alunos e professores e perdemos o debate moral com as forças de direita.

Merecemos perder o apoio popular por não enfrentarmos as corporações, por não contribuirmos para o avanço da consciência popular em relação ao fato de que toda gratuidade é paga por alguém e esse alguém tem sido o povo.

15. Politizamos os valores morais

Impedidos pela realidade de fazer revoluções na economia e sem querer radicalizar compromissos e estratégias de oferta ampla dos serviços sociais de educação e saúde, buscamos nos diferenciar das forças conservadoras no campo dos costumes, assumindo posições corretas, mas que nos isolaram dos sentimentos da população. Certas posições morais, mesmo justas, terminam sendo circunstancialmente frágeis e incomodam o povo se não vierem pela revolução educacional. No lugar de promover uma revolução na mentalidade, que poderia ter ocorrido dentro do processo educacional ao longo dos nossos 26 anos no governo, optamos por tentar mudar costumes apenas por meio de leis e não de escolas. Leis que, por falta de base estrutural na consciência da população, podem ser modificadas logo depois de nosso tempo. No fundo, agimos mais motivados pelo interesse eleitoral de contar com o apoio das entidades representativas de segmentos do que pela mudança real das mentalidades atrasadas daqueles que não querem reconhecer os legítimos, humanistas e progressistas direitos das minorias. Mais uma vez por imediatismo, preferimos comemorar mudanças legais a mentais.

Não percebemos que uma simples lei não muda a consciência de uma pessoa, se não vier acompanhada de bagagem cultural criada dentro de escolas com qualidade. Não soubemos explicitar a correção de nossas posições e, sem os cuidados necessários na educação da população, passamos a ideia de sermos culpados da desagregação familiar, da violência urbana e da dissolução de valores morais. Com o desencanto da população, perdemos a disputa com os grupos reacionários e moralistas. Mais uma vez, nosso erro foi menosprezar a educação de base, colocando-a em plano inferior ao ensino superior e aos costumes, achando que leis substituem escola, sem perceber que a transformação exige leitores educados que aos poucos, pela filosofia e literatura, adquirem uma nova mentalidade.

16. Abdicamos de defender os símbolos nacionais

Fomos defensores da Amazônia, do equilíbrio ecológico, da diversidade, dos direitos das minorias, das crianças, dos índios, dos direitos civis e humanos, mas descuidamos de nos identificar com os símbolos pátrios que unificam e fascinam o povo. Apesar de ser de um dos nossos senadores a lei que obriga a tocar o hino nacional antes de cada evento esportivo, a direita assumiu o hino, a bandeira e as cores nacionais como se fossem dela. Assumiu até a moeda estável, embora essa estabilidade tenha sido uma conquista de governos do nosso campo – Itamar, FHC e Lula –, recuperada depois por Temer.

O resultado foi o uso dos símbolos nacionais pelas forças reacionárias, fazendo com que o povo tivesse a sensação de que nós éramos antipatriotas. Em agosto de 2016, um grupo de senadores, preocupados com a marcha em direção ao impeachment e suas consequências, levou à presidente Dilma um conjunto de sugestões que permitiriam evitar esse desenlace. Na carta que lhe foi entregue sugeria-se, entre outras ações e gestos, que ela assumisse não ser mais filiada a qualquer partido político e dissesse que "meu partido é o Brasil". Ela não fez isso e, dois anos depois, Bolsonaro usou essa frase e ganhou votos do povo. Nós teríamos mais legitimidade para usar essa visão e esse compromisso, mas não o fizemos. E perdemos.

17. Relegamos a cultura

Apesar de os vitoriosos nos acusarem de promotores do fantasma da cultura marxista, nosso erro foi não perceber a necessidade de formar uma cultura comprometida com o país, com a eficiência, a liberdade, a sustentabilidade e a justiça. Comprometida também com a capacidade crítica para buscar a verdade e praticar solidariedade, sobretudo com a cultura de que *educação é o vetor do progresso*, e, por isso, ela deve ser da máxima qualidade para todos. Ao longo de nossos 26 anos nunca tentamos criar uma cultura de *mania por educação* no imaginário da população brasileira. Deveríamos ter investido para convencer nosso povo e os eleitores de que, no lugar de "ordem e progresso", nosso lema deveria ser "educação é progresso".

Nossos governos viram a educação e a cultura pelo lado do consumo e da espetacularização. O esforço educacional passou a ser confundido com a posse de um diploma e o produto cultural com as manifestações de artistas. Isso interessava eleitoralmente pelo apoio recebido das classes médias e dos artistas, mas perdemos 26 anos de formação do imaginário progressista na população brasileira. Fomos governos simpáticos aos artistas, mas não fomos governos da cultura e das artes para o povo.

Ao longo do quarto de século de nossos governos perdemos a chance de fazer avançar a consciência de nosso povo, com a abolição do analfabetismo, a revolução da qualidade com equidade no acesso à educação de base, um intenso programa de leitura, uso cultural da televisão e cinema, promoção de debates sobre nossa história, nosso meio ambiente, nossos propósitos como nação. Esquecemos que o melhor palco, o melhor cinema e o melhor museu são as escolas. Vale insistir nas palavras de um dos mais brilhantes e generosos dos nossos, Frei Beto: "Não basta assegurar renda e encher os bolsos, mas sobretudo encher as cabeças das pessoas, com acesso à cultura e arte, de modo que haja protagonismo empreendedor." Fizemos consumidores, não cidadãos.

18. Abrimos mão do pensamento universitário crítico

Um dos mais graves dos nossos erros foi ter abafado o espírito crítico de nossos intelectuais, especialmente na universidade. Em qualquer momento é impossível ter política progressista sem filósofos, ainda mais neste momento de falência dos modelos socioeconômicos tradicionais, e até mesmo do modelo civilizatório industrial. A ação política depende fundamentalmente da reflexão filosófica. Lamentavelmente, ficamos sem visão crítica e sem formulação de alternativas. A maior parte dos nossos intelectuais se atrelou a siglas, se intimidou ou aceitou a visão de que fazer críticas aos nossos políticos seria dar apoio aos adversários. Com essa submissão, deixamos de explicitar e alertar para a curva da história e de ver a perda de rumo de nossos políticos e partidos em relação à marcha da civilização para um futuro diferente do passado.

Nossos intelectuais toleraram de maneira subserviente a corrupção explícita e o aparelhamento do Estado. Silenciaram diante da necessidade de reformas e preferiram ignorar a realidade da aritmética financeira. Transformaram-se em massa de manobra para justificar os erros de nossos políticos, calaram-se diante do desprezo ao problema do analfabetismo e da degradação da educação de base. Não formularam rumos alternativos para o Brasil nem para nossos governos, caíram no corporativismo e limitaram suas lutas a mais recursos financeiros para o ensino superior. Também não construíram laços intelectuais nem ações políticas que visassem à superação da pobreza e à redução da desigualdade. Ainda limitaram a ideia de que o Bolsa Família e as cotas para ingresso na universidade representavam saltos estruturais de emancipação de nossa população pobre.

Sem intelectuais livres, ousados, independentes, sérios, ficou difícil a realização da necessária autocrítica que identificasse e corrigisse os erros a tempo de evitar o desastre que o eleitor elegeu. As universidades são o exemplo mais claro do silêncio vassalo, sobretudo porque foi consequência da conivência decorrida de vantagens e investimentos recebidos, sem exigência das necessárias reformas para se transformarem. Aceitaram que o problema era apenas falta de recursos financeiros e não falta de ideias novas na universidade para o progresso do Brasil. Até hoje os universitários e nossos intelectuais consideram que o problema é o contingenciamento conjuntural de recursos financeiros e não o contingenciamento intelectual, de caráter estrutural, devido à má qualidade na educação de base. Veem o problema no caixa vazio do governo e não no vazio da escola pública sem qualidade. Prisioneira de seus interesses corporativos, a universidade não fez a crítica que deveria aos nossos políticos nem a autocrítica ao atraso de sua própria estrutura.

Há décadas, o Brasil atravessa falta de bons e responsáveis políticos a serviço das ideias. Mais grave, porém, é a falta de bons e independentes filósofos críticos dos políticos e dos rumos da política. Não aprofundamos reflexões sobre a exaustão dos recursos naturais, os limites ao crescimento econômico, o esgotamento do Estado e a modernização do conceito de democracia ainda nacional no mundo global. Assim como não nos detivemos para refletir sobre as novas condições humanas no tempo da inteligência artificial e os caminhos para enfrentar a tragédia civilizatória no capitalismo sem a alternativa socialista. Também não pensamos nas maneiras de evitar o fracasso pelo mercado privatista ou o fracasso pelo Estado ineficiente, autoritário e corrupto. Não tratamos com rigor intelectual os assuntos da droga, da violência, do envelhecimento, da migração, do desperdício, da austeridade.

A pobreza intelectual, o carreirismo acadêmico, o corporativismo sindical e a cooptação financeira por nossos governos levaram alguns dos nossos intelectuais a sugerirem que a luta contra a corrupção seria a causa da crise econômica. Um erro lógico, na medida em que a crise econômica tem causas claras e foram denunciadas cientificamente. E também um erro moral, porque não se deveria justificar um modelo econômico que necessita de corrupção como fator de produção.

19. Sofremos de aversão à autocrítica

Uma das consequências do silêncio dos intelectuais foi termos evitado, ao longo de anos, fazer autocrítica. Sem isso, não percebemos nossas falhas e nossa falta de sintonia com o "espírito do tempo" e com os interesses do povo brasileiro. Não teríamos nos isolado da população se tivéssemos despertado para o descontentamento popular com a corrupção, com a má qualidade dos serviços públicos, com os erros econômicos, a violência, a degradação do ambiente urbano, a persistência da pobreza – com o divórcio entre o povo e nós. Até hoje, mesmo depois de perdidas as eleições e o governo entregue às forças conservadoras, ainda há uma aversão à autocrítica entre militantes e líderes das siglas de nosso bloco. Muitos acham que a culpa é do eleitor, não percebendo que o eleitor tem razão até mesmo quando sua decisão eleitoral não é acertada em relação aos destinos da nação, porque ele vota para enfrentar o imediato. Nossos políticos e intelectuais deveriam ter olhado mais para o futuro.

20. Continuamos prisioneiros das siglas partidárias

Sem perspectiva e sem compromisso de emancipar pessoas e classes, assumimos que as siglas partidárias seriam a razão da política, mesmo quando se corromperam moral e intelectualmente. Não dividimos o leque político entre os "progressistas" e os "conservadores" ou entre os "responsáveis" e os "irresponsáveis", mas entre aqueles de "nosso partido" e os "adversários partidários". Preferimos nos aliar a corruptos e reacionários, nas coalizões eleitorais momentâneas, a fazer alianças com honestos e progressistas, se estes fossem críticos às propostas ou disputassem eleições com nossas siglas. Cada legenda ficou mais importante do que o próprio país e seu futuro; as alianças eleitorais mais importantes do que aquelas em nome dos interesses nacionais.

Não percebemos que, em alguns momentos, a aliança com o centro é mais progressista do que perder a eleição para os conservadores. A eleição de 2018 é um exemplo trágico dessa situação. No lugar de termos viabilizado a vitória de algum dos candidatos do centro democrático honesto, preferimos perder, jogando o Brasil nas mãos do mais radical governo de direita que já tivemos na democracia – um dos mais conservadores hoje no mundo. Não repetimos a exitosa aliança que nos permitiu terminar a ditadura e eleger José Sarney como presidente civil, que cumpriu todos os compromissos da transição da ditadura à democracia, inclusive com a elaboração de uma Constituição democrática e progressista, embora corporativista.

21. Abraçamos o desperdício

Como progressistas, precisávamos ter sido a vanguarda na luta contra o luxo, mas preferimos defender o desperdício, assumindo que a austeridade e a frugalidade seriam uma bandeira reacionária. Chegamos a defender que o bom governo é aquele que gasta muito e não o que faz muito. Falávamos em equilíbrio ecológico, ao mesmo tempo que defendíamos o aumento da produção e do consumo para todos os produtos. No lugar da defesa da melhoria do transporte público, mantivemos o velho modelo de priorizar o aumento na produção e no uso de automóveis privados como símbolo do desenvolvimento. Para fazer isso possível, desviamos centenas de bilhões de reais de outros setores – inclusive do transporte público, da saúde e da educação – para viabilizar a indústria automobilística por meio da concessão de subsídios e pela construção de estradas e viadutos. Tudo isso para favorecer o aumento do número de automóveis nas ruas de nossas cidades, mesmo que os carros não andem por causa dos engarrafamentos.

A serviço da indústria, induzimos o povo a cair na dependência substancial de empréstimos bancários para financiar seu consumo. No lugar de sermos emancipadores, condenamos o povo à escravidão por dívidas e consequente inadimplência. Mesmo sabendo que representam privilégios repugnantes, fomos tolerantes com os desperdícios e vazamentos na máquina pública e com os benefícios privilegiados de políticos e juízes. Não adotamos a crítica a privilégios de alguns na aposentadoria e na estabilidade funcional sem a exigência de eficiência, dedicação e respeito ao público. Não aceitamos a crítica de que nosso serviço público, especialmente o Legislativo e o Judiciário, é o mais caro do mundo e custa bilhões ao povo, por causa de vantagens e privilégios indecentes. Ficamos como defensores de ostentação e de mordomias no serviço público.

O correto teria sido defender o aumento do consumo dos pobres e lutar pela austeridade no setor público e frugalidade entre os ricos. Deixamos que a direita adotasse o discurso e as propostas do fim dos privilégios. Ficamos na história como protetores de vantagens pessoais e construtores de elefantes brancos, como as obras para a Copa e as Olimpíadas, e de milhares de obras paralisadas em todas as regiões de nosso território, símbolos de nossa opção pela ineficiência, corrupção e pelo desperdício em conivência com as empreiteiras.

22. Caímos no populismo do neoliberalismo social

Apesar de algumas influências teóricas vindas da Europa, de socialistas e keynesianos, fomos formados muito mais na luta contra a ditadura militar para implantar a democracia e conquistar direitos do que na luta por transformar a sociedade brasileira. Podemos nos chamar democratas-progressistas, mas na verdade somos mais democratas do que progressistas. Somos defensores de direitos, não lutadores por transformações sociais que levem a um Brasil eficiente, justo, livre, sustentável. Ao aceitar a característica da cultura política brasileira de evitar disputa por recursos e prioridades, elaboramos uma Constituição que buscou atender todas as reivindicações de cada segmento, sem dar coesão e rumo à nação. Pensamos em arrumar melhor o país, não em formar um novo país.

Temos sido *políticos de direitos* para cada indivíduo e sua corporação, muito mais do que *políticos da construção* da sociedade. Somos mais comprometidos com *pequenos auxílios* e ajustes do que com *reformas estruturais*. Por isso, não fomos até aqui políticos da coesão social nem do rumo histórico. No lugar de coesão para construir o futuro, buscamos articular arranjos que permitam manter o presente como se mantém ao longo de cinco séculos de exclusões, injustiças, ineficiências e privilégios. Poderíamos ter lutado pelo reformismo estrutural em busca de construir um país civilizado, eficiente e justo para todos. Para nos diferenciarmos, optamos pela generosidade do neoliberalismo social em benefício de indivíduos. Se tivéssemos sido eleitos no século 19, poderíamos ter apresentado leis que diminuiriam o sofrimento dos escravos, mas não tocaríamos nos direitos adquiridos dos seus donos. Muito dificilmente teríamos feito uma lei com a radicalidade da Lei Áurea. Erramos, não por pensarmos como políticos de esquerda, mas por agirmos como direitistas defensores de privilégios, apenas um pouco mais generosos nas bolsas e mais espertos no marketing.

23. Acreditamos em nossas próprias narrativas

Sem bandeiras, criamos slogans de marketing e acreditamos neles. O governo Lula transformou o programa Bolsa Escola em Bolsa Família, e os marqueteiros passaram a ideia de que o programa não existia antes e ainda criaram a mensagem de que, com o novo nome, teria tirado 30 milhões de brasileiros da pobreza e os transportados à classe média. Graças a essa ampliação conseguimos tirar o Brasil do mapa da fome, se a inflação não voltar, mas não fizemos qualquer transformação estrutural para erradicar o secular quadro de pobreza. Ao contrário, a retirada da palavra "escola", a diluição do foco escolar, assim como o deslocamento da gestão do programa do Ministério da Educação para a pasta que cuida da assistência social, significaram retrocessos no propósito de fazer a transformação social por meio da educação, como propunha o Bolsa Escola. Transformaram um *programa reformista pela educação* em um *programa assistencial pela renda*, e acreditamos na narrativa da mensagem publicitária de nossos marqueteiros de que tínhamos feito uma revolução.

A um custo muito alto, com a retirada de recursos de nossas universidades e de nossos centros de pesquisas, criamos o programa Ciências sem Fronteiras, com um impacto cultural positivo ao levar jovens para o exterior. Mas não houve impacto correspondente na formação de uma massa crítica para o desenvolvimento científico e tecnológico, porque raros deles se transformaram em acadêmicos de alto desempenho. Apesar de sabermos do seu baixo retorno, salvo na lógica neoliberal-social de beneficiar culturalmente os jovens bolsistas, passamos a acreditar no slogan de que esse programa trouxe o desenvolvimento científico e tecnológico ao Brasil. Nessa visão, privatizamos as bolsas de estudos para beneficiar os bolsistas, no lugar de oferecê-las como um instrumento do progresso econômico e social de todo o povo brasileiro. Com o nosso neoliberalismo social, tratamos a educação apenas como um direito de cada pessoa e não como uma necessidade e um vetor do progresso nacional para criar e distribuir o capital do conhecimento.

Com a correta política de cotas, importada dos Estados Unidos e da Índia, para facilitar ingresso de minorias excluídas no ensino superior, transmitimos a narrativa de que os filhos dos pobres teriam passado a ter a mesma condição que os ricos para ingressarem nas universidades de qualidade. Na verdade, terminamos nossos 26 anos com quase 12 milhões de pobres adultos que ainda não sabem ler, menos de 50% dos filhos dos pobres com o ensino médio concluído, raramente com qualidade.

Mesmo usando as cotas, poucos conseguem ingressar na universidade e quase nenhum deles nos cursos mais disputados. Dos poucos que conseguem, raríssimas são as exceções que terminam o curso e têm o diploma como ferramenta para um trabalho superior e um salário elevado. Ainda assim, apesar do fracasso escolar na educação básica dos pobres, nossos marqueteiros passaram a ideia de que, depois de nossos governos, os filhos dos trabalhadores estão entrando na universidade, e acreditamos na retórica e na narrativa que criamos.

No processo do impeachment da presidente Dilma, criamos publicitariamente a ideia de que se tratava de um golpe, embora tenhamos promovido e defendido o impeachment de Collor, quando todos os parlamentares do PT votaram por sua destituição. Os dois processos seguiram os mesmos rituais e protocolos constitucionais, embora ele tenha renunciado antes da decisão final do Congresso, para evitar a perda de direitos políticos. Seu gesto foi desconsiderado, tornando-o inelegível por oito anos, enquanto Dilma manteve seus direitos e pôde ser candidata ao Senado dois anos depois. Na narrativa que predominou entre nós, Collor sofreu impeachment e Dilma sofreu golpe.

No caso da PEC do Teto de Gastos, que conteve o total dos gastos e não aqueles em cada rubrica, acreditamos na falsa narrativa de que as despesas com educação e saúde também estavam restringidas, mesmo que a medida não impedisse aumentá-las – desde que reduzidas em outros setores. Como estamos prisioneiros da expressão *reivindicar mais verbas*, para não termos de usar *lutar por mais verbas*, dizendo de onde retirá-las, criamos a narrativa de que respeitar a aritmética, limitando os gastos do governo à receita do setor público, seria prejudicial ao país. Acreditamos e usamos essa crença para não lutarmos para reduzir outros gastos, desperdícios e corrupção.

Para defender os privilégios de alguns setores, criamos também a narrativa de que o sistema previdenciário não tem déficit, que o desequilíbrio entre as taxas de natalidade e a esperança de vida não afeta o financiamento da Previdência. Ainda acrescentamos que a reforma é contra o povo e acreditamos nessa nossa criação eleitoreira e populista. Defendemos privilégios incompatíveis com a realidade e acreditamos no argumento de que são justos e financeiramente sustentáveis.

Mais surpreendente é que, ao invés de pedirmos desculpas ao povo brasileiro pela corrupção entrelaçada com irresponsabilidade na política econômica, criamos a narrativa de que foi o combate à corrupção que provocou a recessão e o desemprego. Muitos de nós continuamos acreditando nessa visão ao mesmo tempo ilógica e indecente.

24. Fabricamos a preferência por qualquer outro

Merecemos perder porque abdicamos de ideias novas e compatíveis com o progresso nos tempos atuais. Ficamos obsoletos e inspiramos a insensata ideologia da busca do outro contra nós. Com nossos erros levamos o eleitor a preferir qualquer outro, desde que não fossemos nós – como mencionado, uma espécie de "outrismo". Ainda não pedimos desculpas pelas consequências trágicas de nossos erros para o futuro do Brasil. Quase um ano depois da posse do governo eleito por causa de nossos erros, apesar de todos nós sermos responsáveis – por dolo, culpa ou descuido – nenhum de nós fez ainda autocrítica nem apresentou uma proposta alternativa para o futuro. Estamos sem credibilidade pelos erros passados e sem discurso para recuperar a credibilidade para construirmos o futuro.

Divididos em grupos, caminhamos para repetir nas próximas eleições a mesma polarização de 2018 entre os que preferem o obsoleto e os que preferem qualquer outro, formando uma aliança de *inimigos mutuamente necessários* que amarra a política brasileira, por culpa da incompetência dos que não fazem parte dessa aliança. Nada indica que teremos em curto prazo uma proposta que, além de responsável, democrática e progressista, seja capaz de atrair o eleitor brasileiro. Perdemos sem deixar uma bandeira progressista para as próximas eleições e para as próximas gerações.

O Brasil, no entanto, é muito maior do que nós. Surgem no horizonte novas lideranças que, sem os vícios do passado e com novos sonhos para o futuro, parecem caminhar para corrigir nossos erros e definir novos rumos a serem seguidos por um país com coesão. Para eles, este livro foi dedicado.

NOTAS

1 Adotamos a classificação de Primeira República ou República da Espada para os dois primeiros presidentes militares do período de 1889 a 1894; Velha República, de 1896 a 1930; Estado Novo, de 1930 a 1945; período democrático com desenvolvimento, de 1945 a 1964; Regime Militar, de 1964 a 1985; Nova República, de 1985 a 1992; governos democráticos e progressistas, de 1992 a 2018. Pode-se perceber que esse foi o mais longo ciclo de toda a história republicana, se considerarmos que os 11 presidentes do período da República Velha, embora um pouco mais longo, não constituem um ciclo com o mínimo da identidade.

2 As propostas para o programa de federalização em nível nacional, com prazo de execução de 30 anos, estão inseridas no "Anexo".

3 Menção ao livro *Mediterrâneos invisíveis*, do mesmo autor.

4 Conhecido como Betinho, o sociólogo Herbert José de Souza se notabilizou pela criação do programa Ação da Cidadania contra a Fome, a Miséria e pela Vida.

5 O Prouni foi criado com o objetivo de conceder bolsas de estudo integrais e parciais em cursos de graduação e sequenciais de formação específica em instituições privadas de ensino superior. Substituto do Fundef, que vigorou de 1997 a 2006, o Fundeb atende toda a educação básica, da creche ao ensino médio, e está em vigor desde janeiro de 2007 e se estenderá até 2020.

6 Educador é quem educa com sucesso dentro de uma sala de sala. Educacionista é quem faz política para que todas as salas de aulas e todos os professores possam trabalhar com sucesso. Além disso, educacionista é o militante que defende a revolução social pela qualidade e a equidade na educação. Diferentemente do socialista, que vê a revolução pela tomada do Estado, para só depois oferecer educação de qualidade e equidade, o educacionista vê a educação independente do regime político e econômico, como o vetor do progresso econômico e popular da justiça social.

7 Expressão usada pelo autor em sua campanha presidencial em 2006.

8 Neoliberal-social é usado aqui para definir as políticas sociais que buscam beneficiar pessoas carentes individualmente, sem fazer mudanças estruturais que eliminem a exclusão social.

9 Ver o livro do autor *A cortina de ouro: os sustos do final do século e um sonho para o próximo* (1995).

ANEXO

Os 10 passos da federalização da educação básica brasileira, com descentralização gerencial e liberdade pedagógica

As propostas fazem parte da carta entregue pelo autor à Presidência da República em 2005. As informações foram publicadas originalmente no livro *Retrato de uma década perdida*.

	Propostas	Justificativa
1	Criar o Ministério da Educação Básica e a Agência Nacional para a Proteção da Criança.	Sem isso, o governo federal será refém do ensino superior e técnico, e as crianças brasileiras não terão um responsável por elas no plano federal.
2	Definição de três pisos nacionais para a educação:	
2.1.	piso salarial e de formação do professor: definir um piso salarial federal e normas mínimas federais para os concursos de professores;	Sem um piso salarial para o professor, é impossível atrair profissionais competentes; sem um concurso nacional para selecionarmos o professor, não será possível garantir um nível mínimo de qualidade na formação dos professores.
2.2.	piso de equipamentos e instalações: definir padrões mínimos para as edificações escolares e o equipamento pedagógico mínimo de que elas necessitam;	Sem uma unificação federal do mínimo de equipamentos e instalações, a escola brasileira continuará radicalmente desigual.
2.3.	piso de conteúdo: estipular o saber mínimo que toda criança brasileira, de qualquer escola, em cada cidade, deverá possuir sobre a matéria da série, independentemente de onde estude.	Sem isso, o saber do aluno depende do prefeito de sua cidade, e o Brasil não construirá uma geração unificada pela educação.
3	Garantir a universalização da educação fundamental:	
3.1.	garantir o atendimento alimentar e pedagógico na primeira infância;	Sem isso, as crianças pobres não terão o desenvolvimento necessário.
3.2.	garantir vaga a todas as crianças no dia em que completarem 4 anos;	Sem isso, as crianças pobres perderão os anos fundamentais de formação.
3.3.	identificar e trazer à escola as crianças não matriculadas;	Sem isso, não haverá universalização.
3.4.	retomarcomvigoropapel educacional do Bolsa Escola;	Sem isso, o programa Bolsa Família não terá impacto transformador.
3.5.	criar o Programa Poupança Escola.	Sem isso, o Bolsa Escola ou Bolsa Família incentivam a frequência, mas não incentivam o estudo.
4	Garantir a universalização do Ensino Médio:	
4.1.	Determinar a obrigatoriedade da escola até o final do ensino médio;	Sem isso, uma parte de nossos jovens ficará para trás.

Ação	Passos dados anteriormente
Aprovar a criação dos dois órgãos.	A ideia de criar o Ministério da Educação Básica já foi discutida durante o período de transição. A proposta da Agência Nacional para a Proteção das Crianças está em andamento no Senado.
Retomar os projetos criados em 2003 e aprovar o Fundeb.	O Programa de Certificação Federal dos Professores, de 2003, unia o piso salarial e a formação do professor. A primeira proposta do Fundeb foi entregue à Casa Civil em 2003.
Retomar os projetos iniciados em 2003.	Em 2003, foram iniciados dois programas que atendiam essa meta: Escola Interativa e Escola Ideal.
Definir esses conteúdos no Plano Nacional de Educação.	
Sancionar a PEC 40/2005 e implantar o Programa de Assistência Educacional à Primeira Infância.	Já aprovada no Senado. Projeto existente no MEC desde 2003.
Enviar Projeto de Lei ao Congresso.	Uma proposta está na Casa Civil desde abril de 2003.
Retomar o projeto Escola de Todos.	O projeto começou a ser executado em 2003.
Separar no Bolsa Família a parte assistencial da parte educacional. Levar a parte educacional para o Ministério da Educação Básica.	O assunto já foi debatido.
O governo federal adotar o projeto, para que tenha tramitação mais rápida.	Uma proposta foi entregue à Casa Civil em 2003. Projeto com origem no Senado está em tramitação desde 2004.
Enviar projeto ao Congresso.	Proposta foi entregue à Casa Civil em 2003.

continua

continuação

	Propostas	Justificativa
4.2.	incentivar os jovens que o ensino médio não conseguirá absorver.	Sem isso, uma parte dos jovens não será atendida pela federalização, por já terem passado da idade.
5	Aprovar uma Lei de Responsabilidade Educacional.	Para viabilizar a construção de uma escola brasileira, é preciso uma Lei Federal de Responsabilidade Educacional para cada dirigente público no Brasil, nos moldes da Lei de Responsabilidade Fiscal.
6	Implantar jornada ampliada de 6 horas em todas as escolas brasileiras.	Sem isso, o Brasil não terá condições de competir no mundo global.
7	Criar o Cartão Escolar de Acompanhamento Federal.	Com ele, o presidente, o ministro, o Brasil podem saber como estão o atendimento e a evolução educacional de cada criança brasileira.
8	Criar um ambiente educacional:	
8.1.	envolvimento das famílias e da mídia no sistema educacional brasileiro;	A educação hoje depende de um tripé, "escola, família e mídia". Sem esses dois últimos, não há boa educação.
8.2.	erradicação do analfabetismo de adultos.	Mães e pais analfabetos dificilmente conseguem educar os filhos.
8.3.	valorizar o professor.	Sem a valorização salarial, de formação e motivação funcional, não haverá boa educação.
9	Montagem do Sistema Nacional de Avaliação, Acompanhamento e Fiscalização da Educação Básica.	Sem isso, a Lei de Responsabilidade Educacional ficará no papel.
10	Ampliar os Recursos da União para a educação básica.	Sem isso, as prefeituras e os governos estaduais investirão recursos de forma muito desigual.

Ação	Passos dados anteriormente
Transformar o projeto Primeiro Emprego em continuação de estudos por meio de incentivos financeiros.	A proposta foi apresentada durante debates sobre o Primeiro Emprego.
Enviar Projeto de Lei ao Congresso.	Minuta do projeto foi elaborada no MEC em 2003.
Retomar o programa Escola Ideal.	Esse programa foi iniciado em 32 cidades pelo MEC em 2003. O Orçamento para 2004 previa recursos para 155 novas cidades.
Enviar projeto do Executivo ao Congresso.	A ideia está sendo estudada no Senado.
O presidente assumir o papel de mobilizador nacional pela educação.	Em 2003, o MEC apresentou à Secretaria de Comunicação e Gestão Estratégica a proposta do Programa Educa, Brasil e a sugestão de que o presidente fosse à televisão a cada ano na abertura do ano escolar.
Recriar a Secretaria para a Erradicação do Analfabetismo e retomar o Programa Brasil Alfabetizado com as metas estipuladas para o fim do analfabetismo de jovens e adultos.	Em 2003 foi criada a secretaria, foram alocados os recursos necessários e foi superada a meta de três milhões de adultos em alfabetização.
Definir programas de apoio financeiro e social que transformem o magistério na profissão mais respeitada do país.	Ao longo de 2003, foram iniciados diversos programas nesse sentido, tais como o Fundeb, entregue à Casa Civilem 2003. Além de outros apoios ao professor lançados em 2003.
Elaborar os procedimentos por portaria do MEC.	O Inep tem os estudos necessários.
Apresentar proposta no Orçamento de 2006 para ampliar em R$ 7 bilhões, o equivalente a 1% das receitas, os gastos da União com educação básica.	Essa emenda foi apresentada no Senado para o Orçamento de 2005, mas foi rejeitada pelo relator.

REFERÊNCIAS

BUARQUE, Cristovam. *A cortina de ouro*: os sustos do final do século e um sonho para o próximo. Rio de Janeiro: Editora Paz e Terra, 1995.

BUARQUE, Cristovam. *A economia está bem, mas não vai bem*. Brasília: Senado Federal, 2011.

BUARQUE, Cristovam. *Educacionismo, educacionista*. Brasília: Senado federal, 2008.

BUARQUE, Cristovam. *Mediterrâneos invisíveis*. Rio de Janeiro: Paz e Terra, 2016.

BUARQUE, Cristovam. *Retrato de uma década perdida*. Brasília: Abaré Editorial, 2017.

DOSSE, François. *La Saga des intelectuels français 1944-1989*. Paris: Gallimard, 2018.

LIVROS DO AUTOR

Ensaios

A desordem do progresso: o fim da era dos economistas e a construção do futuro. Rio de Janeiro: Paz e Terra, 1991.

O colapso da modernidade brasileira - e uma proposta alternativa. São Paulo: Paz e Terra, 1991.

A revolução na esquerda e a invenção do Brasil. São Paulo: Paz e Terra, 1992.

A revolução nas prioridades: da modernidade-técnica à modernidade-ética. Rio de Janeiro: Paz e Terra, 1993.

O que é apartação: o apartheid social no Brasil. São Paulo: Brasiliense, 1993. Coleção Primeiros Passos, vol. 278.

A Cortina de Ouro: os sustos do final do século e um sonho para o seguinte. São Paulo: Paz e Terra, 1994.

Os tigres assustados: uma viagem pela fronteira dos séculos. Rio de Janeiro: Rosa dos Ventos, 1999.

Admirável mundo atual: dicionário pessoal dos horrores e esperanças do mundo globalizado. São Paulo: Geração Editorial, 2001.

Os instrangeiros: a aventura da opinião na fronteira dos séculos. Rio de Janeiro: Garamond, 2002.

Um livro de perguntas. Rio de Janeiro: Garamond, 2004.

Sou insensato. Rio de Janeiro: Garamond, 2007.

O que é educacionismo. São Paulo: Brasiliense, 2008.

Da ética à ética: minhas dúvidas sobre a ciência econômica. Curitiba: Ibpex, 2010. [Texto original de 1993]

Desafios à humanidade: perguntas para a Rio+20 / *Challenges to humankind* – questions for Rio+20. Curitiba: Ibpex, 2012. Edição bilíngue.

Reaja. Rio de janeiro: Garamond, 2012.

Bolsa-Escola: história, teoria e utopia. Brasília: Líder/Thesarus, 2013.

As cores da economia. Brasília: Senado Federal, 2013.

Uma nota só. Brasília: Senado Federal, 2013.

Mediterrâneos invisíveis: os muros que excluem os pobres e aprisionam os ricos. Rio de janeiro: Record, 2016.

Ficção

A ressurreição do general Sanchez. São Paulo: Geração Editorial, 1997.

A eleição do ditador. São Paulo: Paz e Terra, 1988.

Astrícia. São Paulo: Geração Editorial, 2004.

Os deuses subterrâneos. Rio de Janeiro: Editora Record, 2005.

Infantis

O tesouro na rua: uma aventura pela história econômica do Brasil. Rio de Janeiro: Artes e Contos, 1995.

A borboleta azul. Rio de Janeiro: Record, 2008.

A rebelião das bicicletas e outras histórias. Rio de Janeiro: Garamond, 2013.

Traduções

Lua solitária. Brasília: Liber Livro 2014. Tradução de Cristovam Buarque da versão árabe de Ali Abdulla Khalifa.

Uma ponte sobre o tempo: aforismos entre os séculos XII e o XXI. Brasília: Abaré Editorial, 2017. Tradução de Aphorisms, de Nizami Ganjavi.

Este livro foi impresso na Athalaia Gráfica e Editora,
a capa no papel Cartão Supremo Alta Alvura 250g/m²
e o miolo no Chambril Avena 90g/m²,
no formato 14x21cm.

Brasília, 2020